专家委员会

卓越工程师教育培养计划系列丛书专家委员会

顾　问：

衣雪青　　王传臣　　杨丽莉　　张　焰　　王本燕

成　员：

王大志	徐亚敏	陈亚林	朱旭平
高　平	施伟锋	孙培德	薛士龙
徐　静	许少伦	周力尤	李晨炀
李　明			

卓越工程师教育培养计划系列丛书

集成运动控制系统工程实战

许少伦　孙　佳　姜建民　编

李　明　主审

电子工业出版社

Publishing House of Electronics Industry

北京·BEIJING

内 容 简 介

本书包括集成运动控制系统技术基础、组建入门、集成案例三部分。技术基础部分主要介绍整个系统涵盖的基本理论知识，包括运动控制系统的概述、运动控制系统电气基础及现场总线控制等内容；组建入门部分基于施耐德电气的运动控制产品展开，介绍了各产品的硬件使用及软件的基本配置，并结合简单的实例阐述每种设备的基本应用，然后在此基础上详细介绍了典型总线控制方式的实现；集成案例部分共有5个综合系统案例，详细阐述了系统的设计方案和实现步骤，供读者进行综合实践锻炼。

本书是一本工程实践类书籍，可作为高等学校电气工程、自动化及机电一体化专业的教材，也可供从事运动控制技术及相关领域研究的工程技术人员自学或作为培训教材使用。

图书在版编目（CIP）数据

集成运动控制系统工程实战 / 许少伦，孙佳，姜建民编. — 北京：电子工业出版社，2011.11
（卓越工程师教育培养计划系列丛书）
ISBN 978-7-121-14823-1

Ⅰ.①集…　Ⅱ.①许…②孙…③姜…　Ⅲ.①运动控制－集成控制系统－系统工程　Ⅳ.①TP273

中国版本图书馆 CIP 数据核字（2011）第 230682 号

策划编辑：康　霞
责任编辑：康　霞　　　　　　　　特约编辑：钟永刚
印　　刷：北京东光印刷厂
装　　订：三河市皇庄路通装订厂
出版发行：电子工业出版社
　　　　　北京市海淀区万寿路 173 信箱　邮编 100036
开　　本：787×980　　1/16　印张：16　字数：350 千字
印　　次：2011 年 11 月第 1 次印刷
定　　价：36.00 元

前　　言

实践教学是高等教育的重要组成部分，它承担着高校的教学改革、知识创新、科学研究等主体工作，对学生综合素质的培养，尤其是对学生创新能力的培养有不可替代的作用。

本书是依据加强实践教学环节，拓宽学生专业知识面的教学改革，以及卓越工程师的培养计划等需要而编写的专业性综合实践教材，其目的在于培养学生掌握工程设计方法和运用理论知识分析、解决实际问题的能力。

本书以运动控制技术相关理论为基础，基于施耐德电气的运动控制系统解决方案，对系统主流设备的使用及综合应用进行详细阐述，全书共分为三部分。

第一部分为技术基础，包括第 1～3 章，介绍运动控制系统的相关基础知识。

第 1 章介绍运动控制技术的历史、发展趋势、关键技术和应用领域。

第 2 章介绍与运动控制技术相关的控制类、保护类电器，以及施耐德电气的运动控制平台。

第 3 章介绍现场总线技术的概念、特点、发展现状，以及 Modbus、CANopen、工业以太网、Modbus TCP/IP 协议。

第二部分为组建入门，包括第 4～5 章，介绍运动控制系统的基础实践和总线控制方式的实现。

第 4 章介绍施耐德电气运动控制平台典型设备的硬件参数、编程配置软件、参数设置，以及简单应用实例。

第 5 章介绍基于施耐德电气运动控制平台设备的典型总线控制方式的实现。

第三部分为集成案例，包括第 6～7 章，综合应用上述设备，搭建集成系统，使读者能进行更深层次的实践锻炼。

第 6 章介绍基于 PLC 的两个典型应用案例，包括电梯控制演示系统和 X-Y 轴运动控制演示系统。

第 7 章介绍基于运动控制器的三个典型应用案例，包括电梯群控演示系统、三轴直线联动演示系统、双泵供水演示系统。

本书的编写力求深入浅出、循序渐进，在内容的安排上既有基础理论、基本概念的系统阐述，同时也有丰富的实际综合应用案例，具有很强的工程实践指导性。

本书由上海交通大学许少伦、孙佳、姜建民编写，在编写过程中，上海交通大学周挺辉、李帅波、贾玉健、张涵等同学做了大量的素材收集、整理和案例调试工作，申文、罗琴同学参加了本书的排版工作，施耐德电气（中国）投资有限公司研修学院李明先生审阅了本书，并提出了许多宝贵意见，施耐德电气（中国）投资有限公司提供了丰富的解决方案和案例，上海交通大学常越老师对本书的编写提出了宝贵的修改意见，他们均为此书的出版付出了辛勤的劳动，在此表示衷心的感谢！

本书配有相关案例程序，如有需要可到 http://www.hxedu.com.cn 下载。

由于编者水平和研究兴趣所限，加之运动控制系统技术发展迅速，书中难免有疏漏和错误之处，敬请广大读者批评指正。

编　者

2011 年 10 月

目　　录

第 1 章

概　　述

1.1　运动控制技术概况

1. 运动控制系统概念

控制系统按照被控变量的类型可分为过程控制和运动控制两大类。

过程控制的控制目标一般为工业生产过程中要完成的工艺参数，主要被控量是温度、压力、流量等过程参数，以保证生产过程所需的环境条件或配料比例。

运动控制以机械运动为主要方式，表现为直接对电机进行快速、高精度的控制，使运动部件或子系统按照预期的轨迹和规定的运动参数值完成相应的动作。主要被控量是电机的位置、速度、加速度、转矩等参数。

运动控制系统以自动控制理论为基础，以电机为控制对象，以控制器为核心，以电力电子及功率变换装置为执行机构，组成高精度的电气传动系统。

2. 运动控制系统特点

① 以小功率指令信号控制大功率的负载。

② 被控量过渡过程较短，一般在秒级或毫秒级。

③ 传动功率范围宽，调速范围大，动态性能良好，稳定精度与定位精度较高。

④ 设计不同的控制方法，可进行单台电机控制或多台电机群控。

3. 运动控制系统性能指标

① 分辨率。分辨率定义为运动控制系统所能达到的最小位置增量。机械定位组件、电机、反馈装置，以及电子控制器等因素都会对总体分辨率产生影响。

② 灵敏度。灵敏度指的是能够产生输出运动的最小输入。也被定义为输出量与输入量

之比。这个指标经常被误解为分辨率，应用时要注意与分辨率的区别。

③ 精密度。精密度定义为对于完全相同的输入，系统多次运行到输出 95% 的结果的偏差范围。

④ 调整时间。为运动系统接收指令后第一次进入并保持在可接收的指令位置误差范围内所需要的时间。

⑤ 超调。欠阻尼系统中过校正行为的度量，在位置伺服系统中应尽量避免。

⑥ 稳态误差。为控制器完成校正行为后实际位置与指令位置之间的差值。

⑦ 误差。所获得的性能参数和理想结果之间的差值。

1.2 运动控制技术发展历史及趋势

1.2.1 运动控制技术发展历史

运动控制系统的发展经历了从直流到交流，从开环到闭环，从模拟到数字，直到基于 PC 的伺服控制网络（PC. Based SSCNET）系统和基于网络的运动控制系统的发展过程。具体来说大体经历了以下几个阶段。

1．以模拟电路硬件接线方式建立的运动控制系统

早期的运动控制系统一般采用运算放大器等分立元件以硬件连线方式构成，这种系统的优点是可实现系统的高速控制，控制器的精度较高，但与数字系统相比，模拟控制系统存在以下几个缺陷：

① 老化和环境温度的变化对构成系统的元器件的参数影响很大。

② 构成模拟系统需要的元器件较多，增加了系统的复杂性，也最终使系统的可靠性降低。

③ 由于系统设计采用硬接线，当系统设计完成以后，升级及功能修改存在困难。

2．以微控制器为核心的运动控制系统

这里的微控制器是指以 MCS-51，MCS-96 等为代表的 8 位或 16 位单片机。利用微处理器取代模拟电路作为电机的控制器，所构成的系统具有简单、灵活性、适应性强等优点。采用微处理器以后，绝大部分控制逻辑可采用软件实现，在一些性能要求不是很高的场合，普遍使用单片机作为电机的控制器。

然而，由于微处理器一般采用冯·诺依曼总线结构，处理的速度有限，处理能力也有限；另外，一般单片机的集成度较低，片上不具备运动控制系统所需要的专用外设，如 PWM 产生电路等。因此，基于微处理器构成的电机控制系统仍然需要较多的元器件，这增加了系统电路板的复杂性，降低了系统的可靠性，也难以满足运算量较大的实时信号处理的需要，难以实现先进控制算法，如预测控制、模糊控制等。

3．在通用计算机上用软件实现的运动控制系统

在通用计算机上，利用高级语言编制相关的控制软件，配合驱动控制板与计算机进行信号交换的接口板，就可以构成一个运动控制系统。这种实现方法利用计算机的高速度、强大运算能力和方便的编程环境，可实现高性能、高精度、复杂的控制算法；同时，控制软件的修改也很方便。

然而，这种实现方式的一个缺点在于系统体积过大，难以应用于工业现场；而且，由于通用计算机本身的限制，难以实现实时性要求较高的信号处理算法。一般来说，这种系统实现方法可用于控制软件的仿真研究或者用作上位机，与下层的实时系统一起构成两级或多级运动控制系统。

4．利用专用芯片实现的运动控制系统

为了简化电机模拟控制系统的电路，同时保持系统的快速响应能力，一些公司推出了专用电机控制芯片，如 TI 公司的 UCC3626，NOVA 公司的 MCX314 等。利用专用电机控制芯片构成的运动控制系统保持了模拟控制系统和以微处理器为核心的运动控制系统两种实现方式的长处，具有响应速度快、系统集成度高、使用元器件少、可靠性好等优点。

然而，由于受专用控制芯片本身的限制，这种系统也存在一些缺点，主要包括：

① 由于已经将软件算法固化在芯片内部，虽然可保证较高的系统响应速度，但是降低了系统的灵活性。

② 受芯片制造工艺的限制，在现有的电机专用控制芯片中所实现的算法一般都比较简单。

③ 由于用户不能对专用芯片进行编程，因此，很难实现系统的升级。

5．以可编程逻辑器件为核心构成的运动控制系统

这种控制系统是将运动控制算法下载到相应的可编程逻辑器件中，以硬件的方式实现最终的运动控制系统。系统的主要功能都可以在单片 FPGA/CPLD 器件中实现，减少了所需的元器件个数，缩小了系统体积。由于系统以硬件实现，响应速度快，不但可实现并行处理，而且开发工具齐全，容易掌握，通用性强。

尽管可编程逻辑器件可实现任意复杂的控制算法，但算法越复杂，可编程逻辑器件内部需要的晶体管门数就越多。按照目前的芯片制造工艺，可编程逻辑器件的门数越多，价格就越昂贵。因此，考虑到目标系统的成本，一般使用可编程逻辑器件实现较简单的控制算法，构成较简单的运动控制系统。

6．以 DSP 控制器为核心构成的运动控制系统

数字信号处理（Digital Signal Processing，DSP）芯片既集成了极强的数字信号处理能力，又集成了电机控制系统所必须的输入、输出、A/D 变换、事件捕捉等外围设备的能力，时钟频率达到 20MHz 以上。许多公司研制了以 DSP 为微处理器的伺服控制卡，这些卡一

般以 PC 或兼容机为硬件平台，以 DOS 或 Windows 为软件平台，采用开放式手段，使用很方便。

基于 DSP 控制器构成的电机控制系统可大幅度缩小目标系统的体积，减少外部元器件的个数，增加系统的可靠性，可以满足那些对系统性能和精度要求较高的场合的需要。

7. 基于可编程逻辑控制器等专用控制器构成的运动控制系统

可编程逻辑控制器（PLC）是以微处理器为基础，在硬件接线逻辑控制技术和计算机技术的基础上发展起来的，是将计算机技术与自动控制技术综合为一体的工业控制产品，是专为在工业环境下应用设计的一种工业控制计算机。可编程逻辑控制器一般都有脉冲输出功能，以它作为运动控制器，可以控制接收脉冲和方向信号工作的电机，如步进电机和数字式交流伺服电机等。这种控制方式具有通用性强、体积小、可靠性高、安装维护方便、抗干扰能力强等优点。

现在此类控制器均有多个通信接口和多级通信功能，可以进行多种类型的总线通信和以太网通信，通过网络可以摆脱空间的限制，以实现远距离控制，这种基于实时网络的具有开放式模块化结构的智能性软件化运动控制系统，将逐步取代传统的运动控制系统，并成为运动控制技术的发展主流。

1.2.2 运动控制技术的发展现状及展望

1. 运动控制技术的发展现状

信息时代的高新技术推动了传统产业的迅速发展，在机械工业自动化中出现了一些运动控制新技术，主要包括：全闭环交流伺服驱动技术（Full Closed AC Servo）、直线电机驱动技术（Linear Motor Driving）、可编程控制器运动控制系统（PCC，Programmable Computer Controller）、基于现场总线的运动控制技术（CANbus—Based Motion Controller）、运动控制卡（Motion Controlling Board）等。

2. 运动控制技术的发展趋势

（1）数字化

从运动控制系统的发展过程可以得到以下结论：以 DSP 控制器构成的运动控制系统可满足任意场合的需要，是运动控制技术一个重要的发展方向。运动控制器的发展从最初的以单片机或微处理器作为核心和以专用芯片（ASIC）作为核心处理器到今天的基于 PC 总线的以 DSP 和 FPGA 作为核心处理器的开放式运动控制器。运动控制技术也由面向传统的数控加工行业专用控制技术而发展为具有开放结构、能结合具体应用要求而快速重组的先进运动控制技术。

（2）网络化

微处理器的发展，使数字控制器简单而又灵活，同时为连网提供了可能。随着系统规模的扩大和系统复杂性的提高，单机的控制系统越来越少，取而代之的是大规模的多机协同工作的高度自动化复杂系统，这就需要计算机网络的支持。传动设备及控制器作为一个节点连到现场总线或工业控制网上，实现集中或分散的生产过程实时监控。

（3）智能化

借助数字和网络技术，智能控制已经深入到运动控制系统的各个方面，例如，模糊控制、神经网络控制、解耦控制等，各种观测器和辨识技术应用于运动控制系统中，大大地改善了控制系统的性能，为控制系统走向复杂的多层网络控制提供了可能。

1.3 运动控制系统中的关键技术

运动控制技术是在传统的技术基础上与新兴技术相结合而发展起来的，其关键技术包括精密机械技术、传感检测技术、计算机与信息处理技术、自动控制技术、伺服驱动技术及系统总体技术，形成了多学科技术领域综合交叉的技术密集型系统工程。

1. 精密机械技术

精密机械是运动控制系统中的基础，其特点包括结构简单、功能强、性能优越等。采用新机构、新原理、新材料、新工艺等，满足减轻重量、缩小体积、提高精度和刚度、改善性能等运动控制设备的多方面要求。

2. 传感检测技术

传感检测技术是指与传感器及其信号检测装置相关的技术。传感器的作用是将各类内外信息通过相应的信号检测装置感知并反馈给控制及信息处理装置，是实现自动控制的关键环节。传感检测技术的目标是能够快速、精确地获取信息并适应各种严酷环境。

3. 计算机与信息处理技术

信息处理技术是应用计算机实现信息交换、存取、运算、判断和决策等，因此，计算机与信息处理是密切相关的。计算机技术包括软硬件技术、网络与通信技术和数据库技术等。

4. 自动控制技术

自动控制是相对人工控制概念而言的，指的是在没人参与的情况下，利用控制装置使被控对象或过程自动地按预定规律运行。自动控制技术包括自动控制理论、控制系统设计、系统仿真、现场调试、可靠运行等。由于计算机的发展，自动控制技术越来越多地与计算机控制技术联系在一起，成为运动控制技术中广泛应用的技术。

5. 伺服驱动技术

伺服驱动技术是在控制指令的指挥下，驱动控制元件，使机械运动部件按照指令要求运动，并具有良好的动态性能。近年来由于变频技术的进步，交流伺服驱动技术取得了突破性的进展，为运动控制系统提供了高质量的伺服驱动装置，极大地推动了运动技术的发展。

6. 系统总体技术

系统总体技术是一种从整体目标出发，用系统工程的观点和方法，将系统总体分解成相互联系的若干功能单元，并以功能单元为子系统继续分解，直至找到可实现的技术方案，然后再把功能单元和技术方案组合进行分析、评价和优选的综合应用技术。

1.4 运动控制技术应用领域

运动控制技术的应用范围目前涵盖了机床、汽车、仪表、家用电器、各类机械工业、机器人等几乎所有的工业领域。主要应用在以下几个方面：

① 加工机械。无心磨床、EDM 机床、激光切割机、水射流切割机、冲压机床、快速成型机、加工中心、铣床、车床、镗床、钻床、刨床等。

② 机器人。焊接机器人、装配机器人、搬运机器人、喷涂机器人、农业机器人、空间机器人、水下机器人、医疗机器人、建筑机器人、助残机器人、服务机器人、多指机器手、行走机器人、移动机器人等。

③ 制造业与自动组装线。粘接分配器、发射台伸展臂、高速标签印刷机、玻璃注入炉、包装机、芯片组装、焊接机、软管纺织机、光纤玻璃拉伸机、龙门式输送臂、玻璃净化炉、标签粘贴机、包装机械等。

④ 材料输送处理设备。纸板箱升降机、装设运转带驱动器、核反应棒移动器、食物加工机、自动仓库、搬运机械、印刷设备、挤出成型机、码垛机等。

⑤ 半导体制造与测试。晶片自动输送、盒带搬运、电路板路径器、IC 插装机、晶片探针器、抛光机、晶片切割机、清洗设备等。

⑥ 军事航空宇宙。自行火炮、坦克等武器的火控系统、车（船）载卫星移动通信、飞机的机载雷达、天线定位器、激光跟踪装置、天文望远镜、空间摄影控制等。

⑦ 测试与测量。坐标检测、齿轮检测、进给部分检测器、键盘测试器、显微镜定位器、印制电路板测试、焊点超声波扫描仪、来料检验等。

⑧ 食品加工。食品包装、家禽修整加工机、精密切肉机等。

⑨ 医疗设备。人工咀嚼仿真机、血压分析仪、CAT 扫描仪、DNA 测试、测步仪、尿样测试机、医疗图像声纳、人造心脏、人造肺等。

⑩ 纺织机械。自动织带机、地毯纺织机、毛毯修饰机、被褥缝制、绕线机、编织机等。

1.5 伺服运动系统的基本组成

伺服运动系统种类繁多，但从基本结构上看，一个典型的系统主要有信号给定、控制器、执行机构、控制对象及检测单元构成，如图 1-1 所示。伺服运动系统中，信号给定可以是电机的转速、位置、加速度或运动轨迹等。控制器用于执行逻辑控制和运动控制，根据控制要求将给定信号和反馈信号进行运算，将计算所得的运动控制命令以数字脉冲信号或模拟量的形式提供给电机和执行机构，部分的电机还要有驱动器对其进行驱动，因此，控制器有时也会将信号提供给驱动器，由驱动器进行信号的驱动和放大。执行机构为机械部分，包括传动部件和导向部件，实现所需要的位置、速度和加速度运动。检测单元会将检测到的反馈信号（速度或位置）反馈到控制器中，构成闭环或半闭环控制系统，检测元件有脉冲编码器、光电编码器、光栅尺、霍尔传感器等。

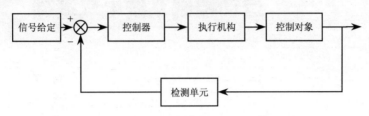

图 1-1 典型伺服运动系统组成框图

小　结

本章主要介绍了运动控制技术的基本情况，首先介绍了运动控制技术的概况、历史及发展趋势；其次介绍了运动控制系统中的关键技术；再次介绍了运动控制技术的应用领域；最后介绍了伺服运动控制系统的基本组成。

第 2 章

运动控制系统电气基础

2.1 基本电器

2.1.1 主令电器

在控制电路中，主令电器是用来发出指令或产生控制信号的电器，直接或间接地控制接触器、继电器或其他电器，从而控制机械设备。主令电器一般只用于控制电路，不能直接通断大电流主电路。主令电气应用广泛、种类繁多，根据作用的不同可分为按钮、限位开关、接近开关、光电开关、万能转换开关等。

1．控制按钮

控制按钮简称按钮，是一种接通或分断小电流电路的手动主令电器，其结构简单、应用广泛。控制按钮触头允许通过的电流较小，一般不超过 5A，主要用在低压控制电路中，手动发出控制信号，以远距离控制接触器、继电器、电磁启动器等。

按钮一般由按钮帽、复位弹簧、触点和外壳等部分组成。一般为复合式，即同时具有常开触头、常闭触头。按下时常闭触头先断开，然后常开触头闭合。去掉外力后在复位弹簧的作用下，常开触头断开，常闭触头复位。

按钮在结构形式上有所差别，有按钮式、自锁式、紧急式、钥匙式、旋钮式和保护式等。若将按钮的触点封闭于隔爆装置中，还可构成防爆型按钮，适用于有爆炸危险、有轻微腐蚀性气体或蒸汽的环境，以及雨、雪和滴水的场合。

按钮可做成单式（一个按钮）、复式（两个按钮）和三联式（三个按钮）。为便于识别各个按钮的不同作用，避免误操作，通常在按钮上做出不同标志或用不同颜色标识，常见的标识颜色有红、绿、黄、蓝、黑、白、灰等。一般按钮颜色的选择遵循以下几点：

① 红色按钮表示"停止"、"断电"或"事故"。绿色按钮表示"启动"或"通电"。

② 一钮双用，即交替按压后改变"启动"与"停止"或"通电"与"断电"等功能的，不可用红、绿色按钮，应用黑、白或灰色按钮。

③ 按压时运动，抬起时不运动（如点动、微动），应用黑、白、灰或绿色按钮，最优为黑色按钮，不能用红色按钮。

④ 单一复位功能，选择蓝、黑、白或灰色按钮。

⑤ 同时有"复位"、"停止"与"断电"功能用红色按钮。灯光按钮不得用作"事故"按钮。

按钮的电气符号及外观如图 2-1 所示。

常开按钮　　常闭按钮　　复合按钮

图 2-1　按钮的电气符号及外观

2. 限位开关

依照机械运动部件的行程发出命令以控制其运动方向或行程长短的主令电器，也称为行程开关。若将行程开关安装于运动部件的行程终点处以限制其行程，则称为限位开关。

限位开关按其结构可分为直动式、滚轮式和微动式三种。按信号的触发方式可分为接触式和非接触式两种。接触式限位开关工作原理与按钮相似，不同的是信号的触发方式。限位开关无须手压，而是利用机械运动部件的碰压而使触点动作，从而发出控制指令。

限位开关的主要参数有型式、动作行程、工作电压、触头的电流容量等。选型时除了以上参数还有一些注意事项：当机械运动部件速度低于 0.4m/min 时，由于分断过慢，触点容易被电弧烧伤，此时应考虑选用滚轮式限位开关；当机械运动部件的行程比较小且用力也很小时，应采用具有瞬时动作和微小行程的微动开关。

限位开关的电气符号及外观如图 2-2 所示。

3. 接近开关

接近开关又称无触点限位开关，可以完成行程控制和限位保护，是一种非接触型的检测装置，用作检测零件尺寸和测速等，也可用于变频计数器、变频脉冲发生器、液面控制和加工程序的自动衔接等。其功能是当某种物体与之接近到一定的距离时就发出动作信号，而不像机械行程开关那样需要施加机械力。接近开关是通过其感辨头与被测物体间介质能量的变化来取得信号的。接近开关的特点包括工作可靠、寿命长、功耗低、精度高、操作频率高，以及适应恶劣工作环境等。

常开触点　常闭触点

图 2-2　限位开关的电气符号及外观

接近开关分为有源和无源两种，大部分为有源型，主要包括检测元件、放大电路、输出驱动等部分。接近开关有电感式、电容式、霍尔式和光电式等各种类型。

① 电感式接近开关。这种接近开关能检测的物体必须是导电体，导电物体在移近接近开关时产生电磁场，使物体内部产生涡流。这个涡流反作用到接近开关，使开关内部电路参数发生变化，由此识别出有无导电物体移近，进而控制开关的通断。

② 电容式接近开关。这种开关的外壳构成电容器的一个极板，开关的测量构成另外一个极板，外壳在测量过程中通常需接地。当有物体移向开关时，会使电容的介电常数发生变化，从而使电容量发生变化，使得和测量头相连的电路状态也随之发生变化，由此控制开关的通断。

③ 霍尔式接近开关。这种开关检测对象必须是磁性物体，当磁性物体移近霍尔开关时，开关检测面上霍尔元件因产生霍尔效应而使开关内部电路状态发生变化，从而控制开关的通断。

④ 光电式接近开关。这种开关是利用光电效应做成的开关，具体参见 4. 光电开关的介绍。

接近开关的电气符号及外观如图 2-3 所示。

常开触点　　　　常闭触点

图 2-3　接近开关的电气符号及外观

4. 光电开关

光电开关（光电传感器）是光电接近开关的简称，利用被检测物对光束的遮挡或反射，由同步回路选通电路，从而检测物体有无。物体不限于金属，所有能反射光线的物体均可被检测。光电开关将输入电流在发射器上转换为光信号射出，接收器再根据接收到的光线的强弱或有无对目标物体进行探测。

光电开关一般分为以下几类：

① 漫反射式光电开关。它是一种集发射器和接收器于一体的传感器，当有被检测物体经过时，物体将光电开关发射器发射的足够量的光线反射到接收器，使光电开关产生开关信号。当被检测物体的表面光亮或其反光率极高时，漫反射式的光电开关是首选的检测模式。

② 镜反射式光电开关。它也是集发射器与接收器于一体，光电开关发射器发出的光线经过反射镜反射回接收器，当被检测物体经过且完全阻断光线时，光电开关就产生了检测开关信号。

③ 对射式光电开关。它包含了在结构上相互分离且光轴相对放置的发射器和接收器，发射器发出的光线直接进入接收器，当被检测物体经过发射器和接收器之间且阻断光线时，光电开关就产生了开关信号。当检测物体为不透明时，对射式光电开关是最可靠的检测装置。

④ 槽式光电开关。它通常采用标准的 U 字型结构，其发射器和接收器分别位于 U 型槽的两边，并形成一个光轴，当被检测物体经过 U 型槽且阻断光轴时，光电开关就产生了开关量信号。槽式光电开关比较适合检测高速运动的物体，并且它能分辨透明与半透明物体，使用安全可靠。

⑤ 光纤式光电开关。它采用塑料或玻璃光纤传感器来引导光线，可以对距离远的被检测物体进行检测。通常光纤传感器分为对射式和漫反射式。

光电开关电气符号与接近开关相同，外观如图 2-4 所示。

图 2-4　光电开关的外观

2.1.2　断路器

低压断路器俗称自动空气开关，是低压配电网中的主要电器开关之一，它不仅可以接通和分断正常负载电流、电机工作电流和过载电流，而且可以接通和分断短路电流。主要用在不频繁操作的低压配电线路或开关柜（箱）中作为电源开关使用，并对线路、电器设备及电机等实行保护，当它们发生严重过电流、过载、短路、断相、漏电等故障时，能自动切断线路，起到保护作用，应用十分广泛。

低压断路器按结构形式分为万能框架式、塑料外壳式和模块式三种。低压断路器主要由触头和灭弧装置、各种可供选择的脱扣器与操作机构、自由脱扣机构三部分组成，其中脱扣器包括过流、欠压（失压）脱扣器和热脱扣器等。但并非每种类型的断路器都具有上述脱扣器，根据断路器使用场合和本身体积所限，有的断路器具有分励、失压和过电流三种脱扣器，而有的断路器只具有过电流和过载两种脱扣器。

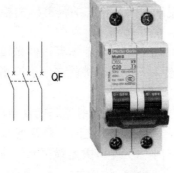

图 2-5　断路器的电气符号及外观

断路器的电气符号及外观如图 2-5 所示。

另外，还有基于微处理器或单片机为核心的智能控制器（智能脱扣器）的智能断路器等。智能断路器不仅具备普通断路器的各种保护功能，同时还具备定时显示电路中的各种电器参数（电流、电压、功率、功率因数等），对电路进行在线监视、自行调节、测量、试验、自诊断、可通信等功能，还能够对各种保护功能的动作参数进行显示、设定和修改，保护电路动作时的故障参数能够存储在非易失存储器中以便查询。

低压断路器的主要技术参数有额定电压、额定电流、通断能力、分断时间等。其中，通断能力是指断路器在规定的电压、频率，以及规定的线路参数（交流电路为功率因数，直流电路为时间常数）下，所能接通和分断的短路电流值。分断时间是指切断故障电流所需的时间，它包括固有断开时间和燃弧时间。

低压断路器的选用，应根据具体使用的条件选择使用类别、额定工作电压、额定工作电流、脱扣器整定电流和分励、欠压脱扣器的电压电流等参数，参照产品样本提供的保护特性曲线选用保护特性，并需对短路特性和灵敏系数进行校验。

2.1.3　接触器

接触器是一种能利用电磁吸力频繁地导通或断开交直流主电路及大容量控制电路的电磁式自动切换电器。接触器的主要应用就是对设备进行启停控制，通过控制接触器线圈的通电、断电，从而控制主回路的通断。在功能方面，接触器具有远距离操作功能和欠电压释放保护功能，但它过载能力不高，不能切断短路电流，也没有过载保护功能。

由于接触器体积小、价格低、容量大、寿命长，并且维护方便，因此，用途十分广泛。常用于控制电机、电加热设备、电焊机、电容器组等负载，常用作可编程控制器的输出执行元件。

接触器的结构一般也由电磁机构、触点系统、灭弧系统、反力机构、缓冲机构、支架底座等几部分组成。其工作原理符合电磁式电器的一般工作原理，接触器电磁机构的线圈通电后，在铁心中产生磁通，在衔铁气隙处产生吸力，使衔铁产生闭合动作，主触点在衔铁的带动下也闭合，于是接通了电路。与此同时，衔铁还带动辅助触点动作，使常开触点闭合，使常闭触点打开。当线圈断电或电压显著降低时，吸力消失或减弱，衔铁在释放弹簧作用下打开，主、辅触点又恢复到原来状态。接触器的电气符号及外观如图 2-6 所示。

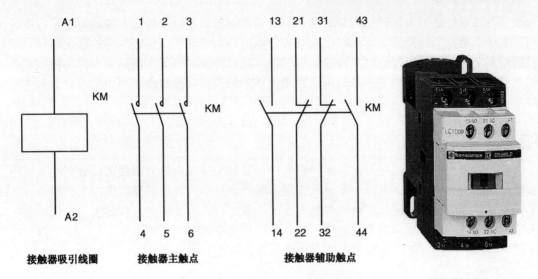

接触器吸引线圈　　　接触器主触点　　　　接触器辅助触点

图 2-6 接触器的电气符号及外观

接触器的主要参数有额定电压、额定电流、线圈的额定电压、额定操作频率等。其中额定电压又包括接触器铭牌额定电压（主触点上的额定电压）、额定工作电压、额定绝缘电压。

接触器的使用类别是根据不同的控制对象在运行过程中各自不同的特点而规定的。不同使用类别的接触器对接通、分断能力及电寿命的要求是不一样的。具体见表 2-1。

表 2-1 接触器使用类别

形 式	触点类别	使用类别	用 途
交流接触器	接触器主触点	AC-1	无感或低感负载、电阻炉
		AC-2	绕线式感应电机的启动、分断
		AC-3	鼠笼式感应电机的启动、运转中分断
		AC-4	鼠笼式感应电机的启动、反接制动或反向运转、点动
	接触器辅助触点	AC-11	控制交流电磁铁
		AC-14	控制小容量电磁铁负载
		AC-15	控制容量在 72VA 以上的电磁铁负载
直流接触器	接触器主触点	IC-1	无感或低感负载、电阻炉
		IC-3	并励电机的启动、反接制动或反向运转、点动，电机在动态中分断
		IC-4	串励电机的启动、反接制动或反向运转、点动，电机在动态中分断
	接触器辅助触点	DC-11	控制直流电磁铁
		DC-13	控制直流电磁铁
		DC-14	控制电路中有经济电阻的直流电磁铁负载

接触器选型时应注意以下几点：根据接触器所控制的负载性质和工作任务（轻任务、

一般任务或重任务）来选择相应使用类别的直流接触器或交流接触器；接触器的额定电压应大于等于所控制线路的电压；接触器的额定电流应大于等于所控制线路的额定电流；吸引线圈额定电压应与所接控制线路的电压一致；触点数量和种类应满足主电路和控制线路的要求，若辅助触点的数量不足时可通过增加辅助触点扩展模块或使用中间继电器的方法解决。

2.1.4 继电器

继电器是一种当输入量变化到某一定值时，其触头（或电路）即接通或分断交直流小容量控制回路的自动控制电器。在电气控制领域或产品中，凡是需要逻辑控制的场合，几乎都需要使用继电器。因此，对继电器的需求千差万别，为了满足各种要求，人们研制生产了各种用途、不同型号和大小的继电器。常用的继电器有中间继电器、电压继电器、电流继电器、时间继电器、功率继电器、热继电器、速度继电器等。

1．中间继电器

中间继电器是最常用的继电器之一，它的结构和工作原理与接触器基本相同。中间继电器实质上是一种电压继电器，它根据输入电压的有无而动作，一般触点对数多，触点容量额定电流为 5～10A。中间继电器具有体积小、灵敏度高的特点，一般不用于直接控制电路的负荷，但当电路的负荷电流在 5～10A 以下时，也可以代替接触器起控制负荷的作用。中间继电器有更多触点，在控制电路中除了扩展接点的容量和数量外，还用于中间信号传递、逻辑变换和状态记忆。中间继电器的电气符号及外观如图 2-7 所示。

中间继电器按线圈工作电源可分为直流和交流两种类型。直流电压一般有 6V、12V、24V、48V 等规格。

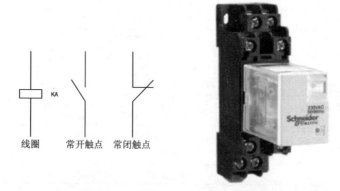

线圈　　常开触点　常闭触点

图 2-7　中间继电器的电气符号及外观

如图所示的继电器为分体结构，由继电器本体和底座组合而成。通过底座，继电器可以安装在标准导轨或通过螺栓固定在安装板上。

中间继电器选型比较简单，在运动控制系统中，一般线圈电压为直流 24V 的中间继电器最为常用，只需要根据情况选用两组或四组触点的型号即可。

2．电流继电器

电流继电器是能根据线圈中电流的大小而闭合或断开触点的继电器。电磁式电流继电器线圈与被测电路串联，以测量电路中电流的变化而根据此变化使触点动作。电流继电器常用于保护电气设备，以避免过大或过小的电流对设备造成损坏，如电机的过载及短路保护、直流电机的励磁缺失保护。电流继电器的电气符号及外观如图 2-8 所示。

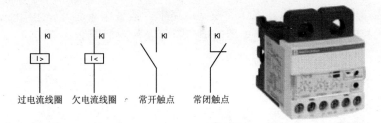

图 2-8　电流继电器的电气符号及外观

电流继电器分为欠电流继电器和过电流继电器两种。当线圈中的电流高于整定值时触点动作的称为过电流继电器，当线圈中的电流低于整定值时触点动作的称为欠电流继电器。

3．电压继电器

电压继电器与电流继电器结构类似，不同之处在于电压继电器的线圈与被测电路并联，检测电压的变化并根据此变化导通和断开触点。

电压继电器根据动作电压的不同，可分为过电压、欠电压和零电压继电器三种。过电压继电器是当被测电压大于整定值时触点动作的电压继电器；欠电压继电器是当被测电压小于整定值时触点动作的电压继电器；零电压继电器是一种特殊的欠电压继电器，是当被测电压降至接近零时触点才动作的电压继电器。电压继电器的电气符号及外观如图 2-9 所示。

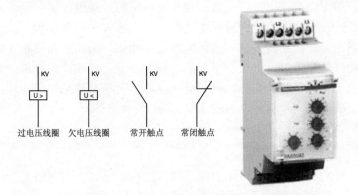

图 2-9　电压继电器的电气符号及外观

4. 时间继电器

在获得输入信号后，要经过一段延迟时间执行机构才动作的继电器称为时间继电器。这个延迟时间与一般的电磁式继电器从线圈得电到触点闭合的固有的机械滞后时间是不同的。

时间继电器有两种延时方式：通电延时和断电延时。通电延时是指收到输入信号后，经过一定的延迟时间，触点输出才发生变化，当输入信号消失后，输出触点立即复原；断电延时是指收到输入信号时，相应的触点立即产生输出，当输入信号消失后，经过一定的延迟时间输出触点复原。

时间继电器用于按时间原则工作的控制电路中。按工作原理可分为电磁式、空气阻尼式、晶体管式和电子式等。时间继电器的电气符号及外观如图 2-10 所示。

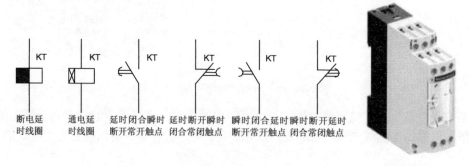

断电延	通电延	延时闭合瞬时	延时断开瞬时	瞬时闭合延时	瞬时断开延
时线圈	时线圈	断开常开触点	闭合常闭触点	断开常开触点	闭合常闭触点

图 2-10　时间继电器的电气符号及外观

5. 热继电器

在电力拖动控制系统中，当三相交流电机出现长期在负荷欠电压下运行，长期过载运行及长期单相运行等不正常情况时，会导致电机绕组严重过热乃至烧坏，为了充分发挥电机的过载能力，保证电机的正常启动和运转，而当电机一旦出现长时间过载时又能自动切断电路，从而出现了能随过载程度而改变动作时间的电器，这就是热继电器。

显而易见，热继电器在电路中是做三相交流电机的过载保护用的。由于热继电器中发热元件有热惯性，在电路中不能做瞬时过载保护，更不能做短路保护，因此，它不同于过电流继电器和熔断器。按相数来分，热继电器有单相式、两相式和三相式共三种类型，每种类型按发热元件的额定电流分又有不同的规格和型号。三相式热继电器常用作三相交流电机的过载保护器。按职能来分，三相式热继电器又有不带断相保护和带断相保护两种类型。热继电器的电气符号及外观如图 2-11 所示。

2.1.5　熔断器

熔断器是一种利用物质过热熔化的性质制作的保护电器。当电路发生严重过载或短路时，将有超过限定值的电流通过熔断器将其熔体熔断而切断电路，以达到保护的目的。

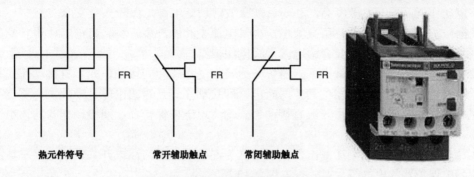

热元件符号   **常开辅助触点**   **常闭辅助触点**

图 2-11 热继电器的电气符号及其外观

熔断器主要由熔体和安装熔体的熔管或熔座两部分组成。其中熔体是主要部分,它既是感受元件又是执行元件。熔体可做成丝状、片状、带状或笼状,其材料有两类,一类为低熔点材料,如铅、锌、锡及铅锡合金等;另一类为高熔点材料,如银、铜、铝等。熔断器接入电路时,熔体是串接在被保护电路中的。熔管是熔体的保护外壳,可做成封闭式或半封闭式,其材料一般为陶瓷、绝缘钢纸或玻璃纤维。熔断器的电气符号及外观如图 2-12 所示。

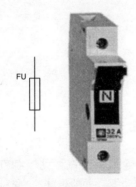

图 2-12 熔断器的电气符号及外观

熔断器熔体中的电流为熔体的额定电流时,熔体长期不熔断;当电路发生严重过载时,熔体在较短时间内熔断;当电路发生短路时,熔体能在瞬间熔断。熔体的这个特性称为反时限保护特性,即电流为额定值时长期不熔断,过载电流或短路电流越大,熔断时间就越短。由于熔断器对过载反应不灵敏,所以,不宜用于过载保护,主要用于短路保护。

2.1.6 漏电保护器

漏电保护器主要用于对低压电网直接触电和间接触电进行有效保护,也可以作为三相电机的缺相保护。

由于其以漏电电流或由此产生的中性点对地电压变化为动作信号,所以,不必用电流值来整定动作值，同时灵敏度高，动作后能有效地切断电源，保障人身安全。

根据保护器的工作原理，可分为电压型、电流型和脉冲型三种。目前，应用广泛的是电流型漏电保护器，下面主要介绍电流型漏电保护器。

按动作结构分，电流型漏电保护器可分为直接动作式和间接动作式。直接动作式是动作信号输出直接作用于脱扣器使其掉闸断电。间接动作式是对输出信号经放大、蓄能等环节处理后使脱扣器动作掉闸。一般直接动作式均为电磁型保护器，间接动作式均为电子型保护器。

按具有的功能分，电流型漏电保护器可分为漏电继电器、漏电开关、漏电保护插座三大类。漏电保护器的电气符号及外观如图 2-13 所示。

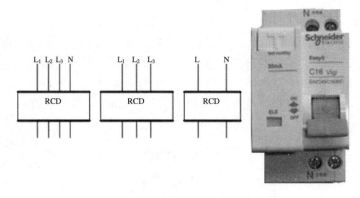

图 2-13　漏电保护器的电气符号及外观

2.2　运动控制系统的设备平台

随着施耐德电气全球业务的快速扩展，在运动控制方面也逐渐形成了比较完备的产品解决方案。如现在已经拥有伺服驱动器、伺服电机、变频器等系列产品，类型丰富，功能齐全，同时也拥有 PLC、HMI、电机控制与保护、接口器件等产品，为客户定制了多种解决方案，占据了较大的市场份额。比较典型的系统结构如图 2-14 所示。

2.2.1　管理层

管理层一般指的是工业控制计算机，在监控主机上装有组态监控系统，通过工业以太网对控制层设备进行实时信息交互，以达到远程监控的目的。Vijeo Citect 就是施耐德电气为 Modicon 控制平台量身打造的一款 SCADA 监控软件，它是一个完全集成的 HMI/SCADA 解决方案，广泛应用于钢铁、冶金、电力、基础设施、交通、化工、水处理、水泥、玻璃、汽车、电子、食品、机械、制造、矿业、石油、燃气、制药、造纸等行业。在本书中不做详细介绍，具体可参见施耐德电气提供的技术资料。

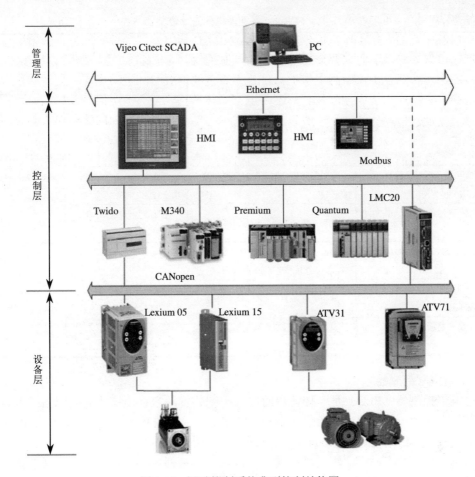

图 2-14　运动控制系统典型控制结构图

2.2.2　控制层

1．人机界面

人机界面（HMI）是系统和用户之间进行交互和信息交换的媒介，它实现信息的内部形式与人类可接受形式之间的转换。人机界面存在于人机信息交流的各个领域。

人机界面大量运用在工业与商业上，简单地区分为"输入"与"输出"两种。"输入"指的是由人来进行机械或设备的操作，如把手、开关、门指令的下达等，而"输出"指的是由机械或设备发出来的通知，如故障、警告、操作说明提示等。好的人机接口会帮助使用者更简单、更正确、更迅速地操作机械，也能使机械发挥最大的效能并延长其使用寿命。

施耐德电气提供从字符型显示终端到图形终端的全系列产品，从一体机到模块化 IPC 的完整系列，同时对各种设备配套提供多种简易精致的软件，解决方案丰富，可以满足不同用户的需求。具体见表 2-2。

表 2-2　各类人机界面比较

设备类别	功能特性	应用范围	编程配置软件
Compact 终端系列 Magelis XBT N，R，RT	文本屏尺寸小，便于安装配线	简单设备、紧凑型设备	Vijeo Designer Lite
图形触摸屏终端 Magelis XBT GT	高清晰显示、高精度模拟电阻触摸屏、开放接口丰富	纺织、包装、橡塑等各种工业设备、公共基础设施、楼宇自动化等	Vijeo Designer
触摸屏/键盘图形终端 Magelis XBT GK	可以同时或分别设置触摸屏和键盘按键	复杂设备、恶劣环境、冶金行业、矿业等	
开放式图形终端 Magelis XBT GTW	使用开放的 Windows 操作环境	复杂设备、汽车行业、楼宇自动化等	
嵌入式智能型工业 PC Magelis Smart iPC	面向 Web 应用的工业 PC。标准的 Windows XP 操作系统	公共基础设施、汽车行业、食品、饮料等	Vijeo Citect，Vijeo Designer
紧凑型工业 PC Magelis Compact iPC	融合了最新 PC 技术、完全开放		
工业触摸显示器 Magelis iDisplay	为工业环境量身定做的触摸平板显示器		

2．可编程控制器

可编程控制器（PLC）是一种新型的电气控制装置，它将传统的继电控制技术和计算机控制技术融为一体，被广泛应用于各种生产机械和生产过程的自动控制。PLC 的起源可以追溯到 20 世纪 60 年代，Modicon 公司创始人发明了世界上第一台 PLC，该公司现在为施耐德电气旗下知名品牌。现在施耐德电气提供了一系列自动化解决方案，其中包括从低端到高端的各种 PLC 产品，如 Zelio Logic 智能继电器、Twido、Micro、M340、Premium、Quantum，以及 Atrium 槽式 PLC 卡等，具体见表 2-3。

表 2-3　各类控制器比较

设备类别	功能特性	应用范围	编程配置软件
Zelio Logic 逻辑控制器	介于 PLC 和继电器之间的一款产品，面板集成的屏幕和按键具有编程、调试、参数设定和人机界面的功能，使用简单	服装机械、照明、暖通空调、电梯、自动门、农业灌溉、水泵、智能楼宇等	Zelio Soft
Twido 系列可编程控制器	有一体型、模块型、Extreme 等，配置灵活，结构紧凑，通信方式丰富	照明管理，暖通空调，简易控制，以及监控、物流派送，起重，自动售货机等	Twido Soft
TSX Micro 可编程控制器	多达 40 多种专用模块，灵活的存储和模块化设计，通信方式丰富	小型机械、移动系统、车辆等	Unity Pro

续表

设备类别	功能特性	应用范围	编程配置软件
TSX M340 可编程控制器	支持工业和基础设施自动化控制系统的"透明就绪"架构	复杂机械（包装、纺织、搬运）、制造业、基础设施等	
TSX Premium 可编程控制器	多种专用功能模块、多个通信端口、支持"透明就绪"架构		
TSX Quantum 可编程控制器	拥有全系列完整的处理器，集成优异的通信功能	过程控制、基础设施关键系统等	
Atrium 槽式 PLC 卡	装卡后可使 PC 具有 PLC 的功能，支持 6 种通信协议	机械、运动控制行业	

3．运动控制器

Lexium Controller 运动控制器是一种轴定位的优化解决方案，该控制器通过现场总线执行轴同步和插补，可用于需要控制最多 8 个同步轴的应用领域。它具备嵌入式自动化功能，Lexium 运动控制器和它集成的软件解决方案，跟 Lexium 05 和 Lexium 15 伺服驱动器和 BSH 或 BDH 伺服电机一起，提供完美的解决方案。目前，拥有 LMC10，LMC20，LMC20A1307，LMC20A1309 四个型号的驱动器，见表 2-4。

表 2-4　各种型号控制器比较

设备类别	功能特性	集成的通信功能	应用范围	编程配置软件
LMC10	8 个逻辑输入数量、输出数量；	Modbus	物料输送（传送带、堆垛机、存储和检索系统）和吊运机械；	CoDeSys
LMC20	可完成如下运动控制功能：速度控制；	Modbus、CANopen、以太网		
LMC20A1307	相对定位和绝对定位；凸轮配置文件；	Modbus、CANopen、以太网、PROFIBUS	自动装配（插接、拧紧、定位力矩加工）；	
LMC20A1309	用于速度和位置的电子传动功能；线性插补和圆形插补（2D）；通过外部编码器控制主轴；距离测量和位置捕获，适用于高速离散量输入	Modbus、CANopen、以太网、DeviceNet	检查和质量控制机器；持续运行的机器（切割、印刷、贴标）	

2.2.3　设备层

1．伺服驱动器、伺服电机

伺服驱动器是用来控制伺服电机的一种控制器，由于伺服电机对于电机控制的优良性能，所以，在一些对于控制要求比较高的场合使用较多。目前，施耐德电气的伺服驱动器型号主要有 Lexium 05，Lexium 15，Lexium23，Lexium32 等，具体见表 2-5。

表 2-5 各种型号伺服驱动器比较

设备类别	功能特性	应用范围	编程配置软件
Lexium 05	功率范围：0.4～6kW； 电压范围：115～480V； 三种版本的驱动器： A－CANopen 总线型； B－ProfiBus-DP 总线型； C－脉冲/逻辑 I/O 控制型	电子、包装、激光加工、物料处理、定长切割、绕线、自动装配等场合	PowerSuit 配置软件
Lexium 15	功率范围：0.9～42.5kW，单相或 3 相； 扭矩：0.18～90N·m，两种类型的电机可以满足所有应用和装配要求	绕线、张力控制、定长切割、自动装配、物料运送、单轴、简单主从轴、复杂主从轴、同轴等场合	
Lexium23	两种版本的驱动器： C（0.1～3 kW），标准型； M（3 ～ 7.5 kW），高性能型	金属加工（机床）、纺织机械、印刷机械、包装机械、物料搬运、橡塑机械、生产线等	
Lexium32	功率范围： 0.15～0.8 kW，100～120 V 单相； 0.3～1.6 kW，200～240 V 单相； 0.4～7 kW，380～480 V 三相。 拥有紧凑型、增强型、模块型 3 款驱动器	包装机械、印刷机械、物料搬运设备、纺织机械、机床（金属加工）、橡塑机械、电子设备等	

高动态同步交流伺服电机又称为永磁同步电机，专为高动态定位任务而设计。与其他交流伺服电机比较，不仅具有低惯量的特性，还可以耐受高负载，不但可以保证良好的加速特性，而且可以减少电机的能量损失和散热。施耐德电气也提供了 BSH，BDH，BRH 等系列伺服电机解决方案，具体见表 2-6。

表 2-6 BSH、BDH、BRH 系列伺服电机比较

设备类别	功能特性	应用范围	编程配置软件
BSH 系列伺服电机	有 5 种法兰尺寸（55mm，70mm，100mm，140mm，205mm）和多种长度，能够提供适合大多数应用的方案； 转矩范围：0.5～36 N·m； 速度范围：1250～8000r/min。结构紧凑，磁密度高，采用 SinCos Hiperface 编码器	根据型号不同分别匹配上述伺服驱动器。BSH 伺服电机提供对动态和精度要求的良好响应	Lexium Sizer 选型软件

续表

设备类别	功能特性	应用范围	编程配置软件
BDH 系列伺服电机	7 种结构尺寸，多种绕线方式，多达 68 种以上型号的电机，额定转速：1000～8000r/min；额定力矩：0.18～53 N·m；提供多种选择：3 种位置传感器，IP54 或 IP67 的防护等级，直插头或右弯插头，光轴或带键	根据型号不同分别匹配上述伺服驱动器，用于实现力矩、速度和位置控制	
BRH 系列伺服电机	3 种法兰尺寸（57mm，85mm，110mm）额定速度：3000r/min；转矩范围：0.43～7.5 N·m；提供多种选择：IP41/IP56 防护等级、带或不带报闸、直插头或弯角插头、3 种单圈或多圈正余弦编码器、光轴或带键	可以连接 Lexium 05 A/B/C 三款伺服驱动器，可为用户提供更多选择	

2. 变频器

变频器是运动控制系统的功率变换单元和执行部件，变频调速以其优异的调速和起制动性能、高效率和节能效果，被广泛应用于工业生产线和人们的日常生活中。目前，施耐德电气根据不同的需求和定位，推出一系列变频器解决方案，包括 ATV11，ATV21，ATV31，ATV61，ATV71 等，具体见表 2-7。

表 2-7　各类 ATV 系列变频器比较

设备类别	功能特性	应用范围	编程配置软件
ATV11	电机功率：0.18～2.2 kW；输出频率：0.5～200 Hz；电机额定转矩：150%～170%	传送装置、车库与电梯门、智能道闸、结账柜台、磨床、锯床、钻床、训练设备、滚动显示屏、可回收机罩、粉料调水混合机等	
ATV21	电机功率：0.75～75 kW；输出频率：0.5～200 Hz；瞬时过载：110% 的电机额定电流，持续 60 s	建筑行业中的泵和风扇等	PowerSuit 配置软件
ATV31	电机功率：0.18～15 kW；输出频率：0.5～500 Hz；电机额定转矩：170%～200%	泵、风扇、传送装置、物料输送机械、包装机械、调湿机、特种机械、纺织机械等	
ATV61	电机功率：0.37～630 kW；输出频率：0.5～1600 Hz （最高达 37 kW）；0.5～500 Hz （45～630 kW）；瞬时过载：120%～130% 的电机额定电流，持续 60s	泵、多泵、风扇、压缩机起等	

续表

设备类别	功能特性	应用范围	编程配置软件
ATV71	电动机功率：0.37～500 kW； 输出频率：0.1～1600 Hz （最高达 37kW） 0.1～500 Hz （45～500kW）； 220%的电机额定转矩，持续 2s； 170%的电机额定转矩，持续 60s	起重设备、包装机械、物料输送机械、木工机械、纺织机械、过程控制等	

小　结

本章主要介绍了运动控制系统中常用的几类典型电气设备。首先介绍了控制类电器、保护类电器等基本电器；接着介绍了施耐德电气的运动控制平台，包括人机界面、可编程控制器、运动控制器、伺服驱动器、伺服电机和变频器等，对每一类器件的主要型号、功能特性、应用范围等内容进行简单的阐述。

第 3 章

现场总线控制

3.1 现场总线技术

3.1.1 现场总线技术概述

现场总线是用于过程自动化、制造自动化、楼宇自动化等领域的现场智能设备互连通信网络。它是一个基层通信网络，是一种开放式、新型全分布控制系统。现场总线可实现整个企业的信息集成，实施综合自动化，形成工厂底层网络，完成现场自动化设备之间的多点数字通信，实现底层现场设备之间，以及生产现场与外界的信息交换。

根据国际电工委员会（IEC）标准和现场总线基金会（Fieldbus Foundation，FF）的定义，现场总线是一种应用于现场，在现场设备之间、现场设备与控制装置之间实行双向、串行、多节点通信的通信网络。多节点指的是现场设备或仪表装置，如传感器、变送器、执行器和现场智能 I/O 等，不是传统的接收或传送信号的现场仪表，而是具有综合功能的智能仪表。

1. 现场总线的通信协议

现场总线技术的核心是它的通信协议，这些协议必须根据国际标准化组织（ISO）的开放式互连（OSI）参考模型来判定，它是一种开放的七层网络协议标准。与其比较，现场总线物理结构没有网络层到表示层（第 3～6 层），只有物理层、数据链路层和应用层，如图 3-1 所示，除此之外，考虑到现场装置的测试功能与互操作性，现场总线基金会（FF）还增加了用户层。每个协议层完成各自一套功能，报文在这些层之间被解析。

物理层提供机械的、电器的功能性和规范性，用于在数据链路实体间建立、维护和拆除物理连接。物理层包含报文传输的物理介质，一般是导线，物理层定义了数据通信信号的大小、波形、最大节点数量、所用导线的类型和数据传输速率。

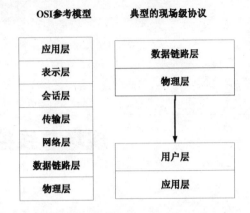

图 3-1　现场总线通信协议物理结构图

数据链路层的功能是保证数据的完整性并决定何时与谁对话，数据链路层并不解释传输的数据，它仅仅在物理层和它的上一层之间传递数据。

应用层的主要任务是实现现场总线的命令、响应、数据或事件信息的控制。它分为两个子层，一个为用户层提供服务，由现场总线信息规范所定义；一个与数据链路层连接，称为现场总线访问子层（FAS），它弥补了被省略的网络层到表示层中的某些通信服务。

用户层位于应用层之上，是一些数据或信息查询的应用软件，它将通信命令传送到应用层。在用户层，规定了标准的"功能模块"，并使用设备描述语言为用户组态提供接口。

2．发展历史

现场总线的概念是随着微电子技术的发展，数字通信网络延伸到工业过程现场成为可能后，于 1984 年左右提出的。当时美国 Interl 公司提出一种计算机分布式控制系统——位总线（BITBUS），它主要是将低速的面向过程的输入/输出通道与高速的计算机多总线（MULTIBUS）分离，形成了现场总线的最初概念。

20 世纪 80 年代中期，美国 Rosemount 公司开发了一种可寻址的远程传感器（HART）通信协议。采用在 4～20mA 模拟量上叠加一种频率信号，用双绞线实现数字信号传输。HART 协议已是现场总线的雏形。

1985 年由 Honeywell 和 Bailey 等大公司发起，成立了 World FIP 制定了 FIP 协议。

1987 年，以 Siemens、Rosemount、横河等几家著名公司为首也成立了一个专门委员会互操作系统协议（ISP）并制定了 Profibus 协议。

后来美国仪器仪表学会也制定了现场总线标准 IEC/ISA SP50。随着时间的推移，世界逐渐形成了两个针锋相对的互相竞争的现场总线集团：一个是以 Siemens、Rosemount、横河为首的 ISP 集团；另一个是由 Honeywell、Bailey 等公司牵头的 WorldFIP 集团。

1994 年，两大集团宣布合并，融合成现场总线基金会。对于现场总线的技术发展和制定标准，基金委员会取得以下共识：共同制定遵循 IEC/ISA SP50 协议标准；商定现场总线技术发展阶段时间表。

现场总线控制系统的发展也经历了五代。人们一般把 20 世纪 50 年代前的气动信号控制系统（PCS）称为第一代，把 4～20mA 等电动模拟信号控制系统称为第二代，把数字计算机集中式控制系统称为第三代，而把 70 年代中期以来的集散式分布控制系统（DCS）称为第四代，把现场总线系统称为第五代，也称为 FCS。现场总线控制系统（FCS）作为新一代控制系统，一方面，突破了 DCS 系统采用通信专用网络的局限，采用了基于公开化、标准化的解决方案，克服了封闭系统所造成的缺陷；另一方面把 DCS 的集中与分散相结合的集散系统结构，变成了新型全分布式结构，把控制功能彻底下放到现场。可以说，开放性、分散性与数字通信是现场总线系统最显著的特征。

3.1.2　现场总线的技术特点

与传统的模拟仪表控制系统及其他现场总线仪表相比，现场总线及现场总线控制系统在以下几方面具有极大的优势。

1．系统结构大大简化，降低系统及工程成本

传统的控制系统（如 DCS）与模拟仪表间保持着一对一的连接方式，每个现场仪表到控制系统都需要使用一对传输线，单向传输一个模拟信号。设备费用高，占用空间大，接线庞杂，安装费用高，工程周期长，维护困难。

现场总线仪表与控制系统之间采用的是一对 N 的连接方式，一对传输线可接 N 台设备，双向传输多个信号。设备占用空间小，安装费用低，工程周期短，维护方便，系统扩展容易。其成本比较如图 3-2 所示。

2．真正的分散控制

现场总线控制系统将传统控制系统的控制功能分散到现场仪表模块中，现场设备和仪表就地构成控制回路，不再像传统的过程自动控制结构以 DCS 为中心，它不依赖于控制室，取消了 I/O 单元与控制站，实现彻底的分散。这样提高系统的可靠性、自治性和灵活性。

3．系统的开放性

开放系统是指通信协议公开，各不同厂家的设备之间可进行互连并实现信息交换，现场总线开发者就是要致力于建立统一的工厂底层网络的开放系统。这里的开放是指对相关标准的一致、公开性，强调对标准的共识与遵从。

4．互可操作性与互用性

互可操作性，是指实现互连设备间、系统间的信息传送与沟通，可实行点对点、一点对多点的数字通信。而互用性则意味着不同生产厂家的性能类似的设备可进行互换而实现互用。

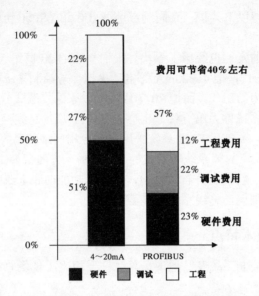

图 3-2　传统模拟仪表控制系统与现场总线仪表成本比较

5．对环境的高度适应性

现场总线是专为工业现场设计的，它可以使用双绞线、同轴电缆、光缆、电力线和无线的方式来传送数据，具有很强的抗干扰能力。常用的数据传输线是廉价的双绞线，并允许现场设备利用数据通信线进行供电，还能满足本质安全防爆要求。

6．规模可变的控制系统和灵活的网络拓扑结构

现场总线控制系统采用完全分散式结构，系统功能单元模块化，功能块内嵌于现场总线设备和仪表或控制器中，现场设备和仪表作为节点平等地挂接在现场总线上。增加控制回路或单元，只需将设备挂接到网络节点上，功能强大的软件可迅速组态现场设备并投入运行，系统扩展十分简单，故被称为规模可变的控制系统。现场总线控制系统可以根据复杂的现场情况组成不同的网络拓扑结构，如树型、星型、总线型和层次化网络结构等。

3.1.3　现场总线技术的现状

由于现场总线所具有的本质技术特点和一系列优点，以及所呈现的诱人的发展前景，也由于现场总线的产生和发展过程中人们对现场总线的理解有所不同，现场总线出现了多种总线并存的局面。虽然早在 1984 年国际电工技术委员会/国际标准协会（IEC/ISA）就开始制定现场总线的标准，但是至今统一的标准仍未形成。很多公司也推出其各自的现场总线技术，但彼此的开放性和互操作性还难以统一。目前现场总线市场现状如下：

① 多种现场总线并存。目前，世界上存在着大约四十余种现场总线，如 Siemens 公司的 ProfiBus，RobertBosch 公司的 CAN，Rosemounr 公司的 HART，PeterHans 公司的

F-Mux 及 ASI（ActraturSensorInterface），Schneider 公司的 Modbus，国际标准组织——现场总线基金会的 FF，Rockwell Automation 公司的 DeviceNet 和 ControlNet 等。这些现场总线大都用于过程自动化、医药领域、加工制造、交通运输、国防、航天、农业和楼宇等领域。

由于竞争激烈，还没有哪一种或几种总线能一统市场，很多重要企业都力图开发接口技术，使自己的总线能和其他总线相连，在国际标准中也出现了协调共存的局面。

② 各种总线都有其应用领域。每种总线大都有其应用领域，如 FF、ProfiBus-PA 适用于石油、化工、医药、冶金等行业的过程控制领域；LonWrks、ProfiBus-FMS、DeviceNet 适用于楼宇、交通运输、农业等领域；DeviceNet、ProfiBus-DP 适用于加工制造业，而这些划分也不是绝对的，每种现场总线都力图将其应用领域扩大，彼此渗透。

3.1.4　现场总线的发展趋势

现场总线的发展趋势主要体现在以下几个方面。

1．高速现场总线技术将成为竞争的焦点

目前，现场总线产品主要应用于运行速率较低的领域，对网络的性能要求不是很高。未来随着对性能要求的提高，必然要用到高速现场总线，目前这一领域还比较薄弱。因此，高速现场总线的设计、开发将是竞争十分激烈的领域，这也将是现场总线技术实现统一的重要机会。

2．标准化工作不断推进

目前，中国的现场总线技术及产品的开发工作已经起步，应积极按照 IEC 的标准展开工作。

3．现场总线主要转向工业以太网

市场和技术发展需要统一标准的现场总线。整合了 Ethernet 和 TCP/IP 技术的现场总线是今后发展的主流体系和应用热点。

4．多种现场总线共存

在今后的一段时间内，多种现场总线既相互竞争又相互共存，同时多种现场总线也可以共存于同一个控制系统中。

5．网络新技术的融入

现在网络技术发展十分迅猛，一些具有重大影响的网络新技术必将进一步融合到现场总线技术之中，这些具有发展前景的现场总线技术包括智能仪表与网络设备开发的软硬件技术；组态技术，包括网络拓扑结构、网络设备、网段互连等；网络管理技术，包括网络管理软件、网络数据操作与传输；人机接口、软件技术；现场总线系统集成技术。

6. 管控一体化

从现场控制层到管理层全面的无缝信息集成（管控一体化）能给企业带来整体效益。

3.2 典型现场总线介绍

3.2.1 Modbus 总线

1. Modbus 协议简介

Modbus 协议是工业控制器网络协议中的一种，此协议定义了一个控制器能认识的消息结构，描述了一个控制器请求访问其他设备、回应来自其他设备的请求，以及侦测错误并记录的过程。通过此协议，控制器相互之间、控制器经由网络（如以太网）和其他设备之间可以通信。它已经成为一种通用工业标准，可以将不同厂商生产的控制设备（如变频器、伺服驱动器、智能仪表、信号采集卡等）连成工业网络，进行集中监控。

2. Modbus 协议技术原理

（1）Modbus 主-从协议原理

Modbus 串行链路协议是一个主-从协议。在同一时间，只能将一个主站连接到总线，将一个或多个从站（最大数量为247）连接到相同的串行总线。Modbus 通信总是由主站发起，当从站没有收到来自主站的请求时，将不会发送数据。主站同时只能启动一个 Modbus 事务处理，从站之间不能相互通信。

主站用两种模式向从站发出 Modbus 请求，分别为单播模式和广播模式。

单播模式工作方式：由主站寻址单个从站，从站接收并处理完请求之后，向主站返回一个报文（一个应答）。在这种模式下，一个 Modbus 事务处理包含两个报文：一个是主站的请求，另一个是从站的应答。每个从站必须有唯一的地址（1～247），这样才能区别于其他站而被独立地寻址。

广播模式工作方式：主站可以向所有的从站发送请求，对于主站广播的请求没有应答返回，因为广播请求必须是写命令，所有设备必须接收写功能的广播，地址 0 被保留用来识别广播通信。

（2）Modbus 寻址原则

Modbus 寻址空间由 256 个不同地址组成。地址 0 为广播地址，所有从站必须识别广播地址。Modbus 主站没有特定地址，只有从站有一个地址，在 Modbus 串行总线上，这个地址必须是唯一的。其寻址空间分配见表 3-1。

表 3-1　Modbus 寻址空间分配

0	1～247	248～255
广播地址	从站某个地址	保留

（3）请求（Require）-响应（Respond）周期

请求-响应周期表如图 3-3 所示。

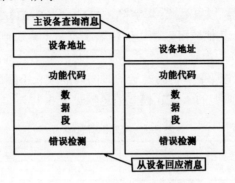

图 3-3　主-从请求-响应周期表

1）请求

主设备查询消息中的功能代码告之被选中的从设备要执行何种功能。数据段包含了从设备要执行功能的任何附加信息。例如，功能代码 03 是要求从设备读保持寄存器并返回它们的内容。数据段必须包含要告之从设备的信息：从何寄存器开始读及要读的寄存器数量。错误检测域为从设备提供了一种验证消息内容是否正确的方法。

2）响应

如果从设备产生一个正常的回应，在回应消息中的功能代码是对在查询消息中的功能代码的回应。数据段包括了从设备收集的数据（如寄存器值或状态）。如果有错误发生，功能代码将被修改以用于指出回应消息是错误的，同时数据段包含了描述此错误信息的代码。错误检测域允许主设备确认消息内容是否可用。

（4）传输方式

控制器能设置为两种传输模式（ASCII 或 RTU）中的任何一种在标准的 Modbus 网络中进行通信。用户可以选择想要的模式，包括波特率、校验方式等串口通信参数，在配置每个控制器的时候，一个 Modbus 网络上的所有设备都必须选择相同的传输模式和串口参数。

1）ASCII 模式

当控制器设为在 Modbus 网络上以 ASCII（美国标准信息交换代码）模式通信时，在消息中的每个 8bit 字节都作为两个 ASCII 字符发送。这种方式的主要优点是字符发送的时间间隔可达到 1s 而不产生错误。

2）RTU 模式

当控制器设为在 Modbus 网络上以 RTU（远程终端单元）模式通信时，在消息中的每个 8bit 字节包含两个 4bit 的十六进制字符。这种方式的主要优点包括：在同样的波特率下，可比 ASCII 方式传送更多的数据。

（5）Modbus 消息帧

1）ASCII 帧

使用 ASCII 模式，消息以冒号"："字符（ASCII 码 3AH）开始，以回车换行符结束（ASCII 码 0DH，0AH），其他域可以使用的传输字符是十六进制的 0～9，A～F。网络上的设备不断侦测"："字符，当有一个"："接收到时，每个设备都解码下个域（地址域）来判断是否发给自己的。消息中字符间发送的时间间隔最长不能超过 1s，否则接收的设备将认为是传输错误。一个典型的 ASCII 模式消息帧见表 3-2。

表 3-2 ASCII 消息帧

起始位	设备地址	功能代码	数据	LRC 校验	结束符
1 个字符	2 个字符	2 个字符	n 个字符	2 个字符	2 个字符

2）RTU 帧

使用 RTU 模式，两个连续发送的数据帧之间至少要有 3.5 个字符的停顿时间间隔，如表 3-3 中的 T1-T2-T3-T4 就是表示此 3.5 个字符的停顿时间间隔的。传输的第一个域是设备地址，可以使用的传输字符是十六进制的 0～9，A～F。网络设备不断侦测网络总线，包括停顿间隔时间在内，当第一个域（地址域）接收到，每个设备都进行解码以判断是否发往自己的。如果发送完一个数据帧，间隔时间小于 3.5 个字符时间又发送第二个数据帧，那么接收站点就会误认为它们是同一个数据帧，从而造成接收数据混乱。一个典型的 RTU 模式消息帧见表 3-3。

表 3-3 RTU 消息帧

起始位	设备地址	功能代码	数据	CRC 校验	结束符
T1-T2-T3-T4	8bit	8bit	n 个 8bit	16bit	T1-T2-T3-T4

3. Modbus 差错控制

标准的 Modbus 网络有两种错误校验方法。错误校验域的内容视所选的校验方法而定。

（1）ASCII

当选用 ASCII 模式作字符帧，错误校验域包含两个 ASCII 字符。这是使用 LRC（纵向冗长校验）方法对消息内容计算得出的，不包括开始的冒号符及回车换行符。LRC 字符附加在回车换行符前面。

（2）RTU

当选用 RTU 模式作字符帧,错误校验域包含一个 16bits 值(用两个 8 位的字符来实现)。错误校验域的内容是通过对消息内容进行 CRC（循环冗长校验）方法得出的。CRC 域附加在消息的最后，添加时先是低字节然后是高字节，故 CRC 的高位字节是发送消息的最后一个字节。

4．Modbus 功能码与数据类型

Modbus 网络是一个工业通信系统，由带智能终端的可编程控制器和计算机通过公用线路或局部专用线路连接而成。其系统结构包括硬件和软件。它可应用于各种数据采集和过程监控。Modbus 的功能码定义见表 3-4。

表 3-4　Modbus 功能码

功能码	名　　称	作　　用
01	读取线圈状态	取得一组逻辑线圈的当前状态（ON/OFF）
02	读取输入状态	取得一组开关输入的当前状态（ON/OFF）
03	读取保持寄存器	在一个或多个保持寄存器中取得当前的二进制值
04	读取输入寄存器	在一个或多个输入寄存器中取得当前的二进制值
05	强置单线圈	强置一个逻辑线圈的通断状态
06	预置单寄存器	把具体二进制值装入一个保持寄存器
07	读取异常状态	取得 8 个内部线圈的通断状态，这 8 个线圈的地址由控制器决定，用户逻辑可以将这些线圈定义，以说明从机状态，短报文适宜于迅速读取状态
08	回送诊断校验	把诊断校验报文送从机，以对通信处理进行评鉴
09	编程（只用于 484）	使主机模拟编程器作用，修改 PC 从机逻辑
10	控询（只用于 484）	可使主机与一台正在执行长程序任务从机通信，探询该从机是否已完成其操作任务，仅在含有功能码 9 的报文发送后，本功能码才发送
11	读取事件计数	可使主机发出单询问，并随即判定操作是否成功，尤其是该命令或其他应答产生通信错误时
12	读取通信事件记录	可使主机检索每台从机的 Modbus 事务处理通信事件记录。如果某项事务处理完成，记录会给出有关错误
13	编程（184/384 484 584）	可使主机模拟编程器功能修改 PC 从机逻辑
14	探询（184/384 484 584）	可使主机与正在执行任务的从机通信，定期控询该从机是否完成其程序操作，仅在含有功能 13 的报文发送后，本功能码才能发送
15	强置多线圈	强置一串连续逻辑线圈的通断
16	预置多寄存器	把具体的二进制值装入一串连续的保持寄存器
17	报告从机标识	可使主机判断编址从机的类型及该从机运行指示灯的状态
18	（884 和 MICRO 84）	可使主机模拟编程功能，修改 PC 状态逻辑
19	重置通信链路	发生非可改错误后，使从机复位于已知状态，可重置顺序字节
20	读取通用参数（584L）	显示扩展存储器文件中的数据信息
21	写入通用参数（584L）	把通用参数写入扩展存储文件，或修改之
22～64	保留作扩展功能备用	
65～72	保留以备用户功能所用	留作用户功能的扩展编码
73～119	非法功能	
120～127	保留	留作内部作用
128～255	保留	用于异常应答

Modbus 网络只是一个主机，所有通信都由它发出。网络可支持多于 247 个的远程从属控制器，但实际所支持的从机数要由所用通信设备决定。采用这个系统，各 PC 可以和中心主机交换信息而不影响各 PC 执行本身的控制任务。Modbus 各功能码对应的数据类型见表 3-5。

表 3-5　Modbus 功能码与数据类型对应表

代　码	功　能	数据类型
01	读	位
02	读	位
03	读	整型、字符型、状态字、浮点型
04	读	整型、状态字、浮点型
05	写	位
06	写	整型、字符型、状态字、浮点型
08	N/A	重复"回路反馈"信息
15	写	位
16	写	整型、字符型、状态字、浮点型
17	读	字符型

3.2.2　CANopen 总线

1．CAN 总线协议简介

控制器局域网络（Controller Area Network，CAN）是由研发和生产汽车电子产品著称的德国 Bosch 公司开发的，并最终成为国际标准（ISO11898），是国际上应用最广泛的现场总线之一。近年来，其所具有的高可靠性和良好的错误校验能力受到重视，被广泛应用于汽车计算机控制系统和环境温度恶劣、电磁辐射强和振动大的工业环境。

但 CAN 总线只是定义了物理层和数据链路层，没有对应用层进一步规范，本身并不完善，因此，需要一个更开放的、标准化的高层协议来定义 CAN 报文中的标识符和字节数据。在此背景下，由 CIA（CAN In Automation）组织监督在 CAN 基础上开发了 CANopen 高层协议。CANopen 与 CAN 的关系如图 3-4 所示。

2．CANopen 协议简介

CANopen 总线协议是架构在 CAN 总线上的一种高层通信协议，是基于 CAN 总线的应用层协议，已被接受为 CAN 高层协议的标准之一。经过对 CANopen 协议规范文本的多次修改，使得 CANopen 协议的稳定性、实时性、抗干扰性都得到了进一步的提高。并且 CIA 在各个行业不断推出设备子协议，使 CANopen 协议在各个行业得到更快的发展与推广，在 2002 年，已经形成欧洲标准 EN50325-4。目前，CANopen 协议已经在运动控制、车辆工业、电机驱动、工程机械、船舶海运等行业得到广泛的应用。

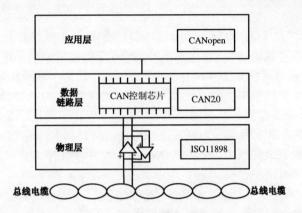

图 3-4　CAN 和 CANopen 标准在 OSI 网络中的位置关系

　　CANopen 协议具有实现简单的优点，CANopen 协议还为分布式控制及嵌入式系统的应用提供了必要的实现方法，包括：

　　① 不同 CAN 设备间的互操作性、互换性。

　　② 标准化、统一的系统通信模式。

　　③ 设备描述方式和网络功能。

　　④ 网络节点功能的任意扩展。

3．CANopen 总线协议设备模型

　　CANopen 协议通常分为用户应用层、对象字典、以及通信三个部分，如图 3-5 所示。通信接口和协议软件用于提供在总线上收发通信对象的服务；不同 CANopen 设备间的通信都是通过交换通信对象来完成的，这一部分直接面向 CAN 控制器进行操作。对象字典描述了设备使用的所有数据类型、通信对象和应用对象；对象字典位于通信程序和应用程序之间，用于向应用程序提供接口。应用程序对对象字典进行操作，即可实现 CANopen 通信。它包括功能部分和通信部分，通信部分通过对对象字典进行操作实现 CANopen 通信；而功能部分则根据应用要求来实现。

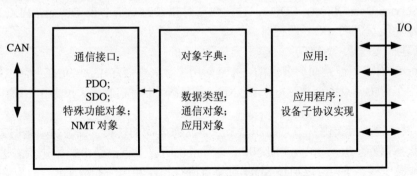

图 3-5　CANopen 的设备模型

（1）对象字典

CANopen 对象字典（Object Dictionary，OD）是 CANopen 协议最为核心的概念。对象字典就是一个有序的对象组，每个对象采用一个 16 位的索引值来寻址，这个索引值通常被称为索引（Index），其范围在 0x1000～0x9FFF 之间。为了允许访问数据结构中的单个元素，同时也定义了一个 8 位的索引值，这个索引值通常被称为子索引（Subindex）。

每个 CANopen 设备都有一个对象字典，对象字典包含了描述这个设备和它的网络行为的所有参数，对象字典通常用电子数据表格（Electronic Data Sheet，EDS）来记录这些参数，而不需要把这些参数记录在纸上。对于 CANopen 网络中的主节点来说，不需要对 CANopen 从节点的每个对象字典项都访问。

CANopen 对象字典中的项由一系列子协议来描述。子协议对对象字典中的每个对象都描述了它的功能、名字、索引、子索引、数据类型，以及这个对象是否必需、读写属性等，这样可保证不同厂商的同类型设备兼容。

CANopen 协议包含了许多子协议，主要划分为以下三类。

1）通信子协议

通信子协议，描述对象字典的主要形式和对象字典中的通信对象及参数。这个特性适用所有的 CANopen 设备，其索引值范围从 0x1000～0x1FFF。

2）制造商子协议

制造商子协议，对于在设备子协议中未定义的特殊功能，制造商可以在此区域根据需求定义对象字典对象。因此，这个区域对于不同的厂商来说，相同的对象字典项其定义不一定相同，其索引值范围为 0x2000～0x5FFF。

3）设备子协议

设备子协议，为各种不同类型的设备定义对象字典中的对象。目前，已有十几种为不同类型的设备定义的子协议，例如，DS401，DS402，DS406 等，其索引值范围为 0x6000～0x9FFF。

（2）CANopen 通信

在 CANopen 协议中主要定义了管理报文对象（Network Management，NMT）、服务数据对象（Service Data Object，SDO）、过程数据对象（Process Data Object，PDO）、预定义报文或特殊功能对象（SFO）四种对象。

1）管理报文对象（NMT）

CANopen 网络管理是面向节点的，并且采用主、从通信方式。只允许主节点发起通信，从节点永远等待主节点的请求。每个 CANopen 从节点都有初始化、预操作、操作和停止四个状态。

NMT 网络管理负责由主节点控制从节点各状态之间的转换。设备初始化结束，自动进入预操作状态，发送 Boot-up 报文向 NMT 主节点说明该节点已经由初始化状态进入预操作状态。在预操作状态下，可以通过 SDO 对节点进行控制和通信参数配置。只有在操作状态下，才能发送用于实时数据传输的 PDO 报文。在各个操作状态下，都可以通过发送 NMT

报文实现操作状态互相切换。

2）服务数据对象（SDO）

SDO 主要用于主节点对从节点的参数配置。SDO 的传输采用客户/服务器通信方式，服务确认是 SDO 的最大的特点，为每个消息都生成一个应答，确保数据传输的准确性。在一个 CANopen 系统中，通常 CANopen 从节点作为 SDO 服务器，CANopen 主节点作为客户端。客户端通过索引和子索引，能够访问数据服务器上的对象字典。这样 CANopen 主节点可以访问从节点的任意对象字典项的参数，并且 SDO 也可以传输任何长度的数据（当数据长度超过四个字节时就拆分成多个报文来传输）。

3）过程数据对象（PDO）

PDO 用来传输实时数据，其传输模型为生产者消费者模型，如图 3-6 所示。数据长度被限制为 1～8 个字节。

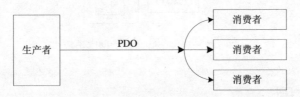

图 3-6　生产者消费者模型

PDO 通信没有协议规定，PDO 数据内容由它的 CAN-ID（也可称为 COB-ID）来定义。每个 PDO 在对象字典中用通信参数和映射参数这两个对象描述。PDO 通信参数定义了该设备所使用的 COB-ID、传输类型、定时周期；PDO 映射参数包含了一个对象字典中的对象列表，这些对象映射到相应的 PDO，其中包括数据的长度（位），对于生产者和消费者都必须要知道这个映射参数，才能正确地解释 PDO 内容。

PDO 消息内容是预定义的，如果 PDO 支持可变 PDO 映射，那么该 PDO 可以通过 SDO 进行配置。

PDO 的传送模式分为同步传送和异步传送。触发方式有事件触发、定时器触发和远程帧请求触发。报文可通过节点内部的定时器以固定的时间间隔来发送，也可以通过主节点发送同步对象或远程帧来触发从节点发送 PDO 报文。

4）预定义报文或特殊功能对象

为 CANopen 设备提供特定的功能，方便 CANopen 主站对从站进行管理。主要的特殊报文如下：

同步对象：该报文对象主要实现整个网络的同步传输。

时间戳：为各个节点提供时间参考。

紧急事件对象：当设备内部发生错误时触发该对象，发送错误代码。

节点监测/寿命保护：主节点可通过节点保护方式获取从节点的状态，从节点可通过寿命保护方式获取主节点的状态。

启动报文对象：从节点初始化完成后向网络中发送该对象，并进入到操作状态。

4．CANopen 总线的网络结构总线

CANopen 典型的网络结构如图 3-7 所示，该网络中有一个主节点、三个从节点，以及一个 CANopen 网关挂接的其他设备。由于 CANopen 是基于 CAN 总线，因此，它也属于总线型网络，在布线和维护等方面非常方便，可最大限度地节约组网成本。

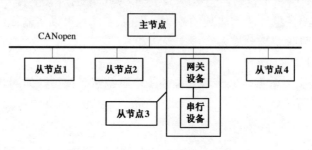

图 3-7　CANopen 总线的网络结构

3.3　工业以太网

3.3.1　工业以太网概述

在办公和商业领域，以太网是当今最流行、应用最广泛的通信技术。以太网是指遵循 IEEE802.3 标准，可以在光缆和双绞线上传输的网络。它最早出现在 1972 年，由 XeroxPARC 所创建。当前以太网采用星型和总线型结构，传输速率为 10Mb/s，100 Mb/s，1000 Mb/s，10Gb/s，甚至更高。

工业以太网就是在以太网技术和 TCP/IP 技术基础上开发出来的一种工业网络，它的重点在于利用交换式以太网技术，为控制器、操作站等各种工作站之间的相互协调合作提供一种交互机制，并与上层信息网络进行无缝集成。目前，工业以太网在工业监控中逐渐占据主导位置。

工业以太网在技术上与商用以太网兼容，但是实际产品和应用却与商用以太网有所不同。这主要表现在工业以太网在做产品设计时，在材质的选用、产品的强度、适用性、实时性、可互操作性、可靠性、抗干扰性及安全性等方面要满足工业现场的需要。

3.3.2　工业以太网的优势及特点

1．发展优势

（1）应用广泛

以太网是应用最广泛的计算机网络技术，几乎所有的编程语言都支持以太网的应用开

发。快速以太网已开始广泛应用，传统的现场总线最高速率只有 12Mb/s，以太网的速率要比传统现场总线快得多，完全可以满足工业控制网络不断增长的带宽要求。

（2）成本低廉

以太网网卡的价格约为现场总线网卡的十分之一，而且以太网的设计应用等方面的技术已经相当成熟，从而使系统的整体成本降低，开发和推广速度大大加快。

（3）资源共享能力强

随着 Internet/Intranet 的发展，在连入互联网的任何一台计算机上都能通过以太网浏览工业控制现场的数据，实现了"管控一体化"。

（4）可持续发展潜力大

以太网的引入将为控制系统的后续发展提供可能，用户在技术升级方面无须独自研究投入，在这一点上任何现有的现场总线技术都无法比拟。

2．发展特点

（1）通信确定性与实时性

工业控制网络不同于普通数据网络的最大特点在于它必须满足控制作用对实时性的要求，即信号传输的快速性和确定性。实时控制要求对某些变量数据准确定时刷新，以太网技术的发展使这一应用成为可能。

（2）稳定性与可靠性

传统以太网并不是为工业应用而设计，没有考虑工业现场环境的适应性需要。由于工业现场的机械、气候、尘埃等条件恶劣，因此，对设备的工业可靠性提出了更高的要求。在工业环境中，工业网络必须具备较好的可靠性、可恢复性及可维护性。

（3）安全性

工业以太网可以将企业传统的信息管理层、过程监控层、现场设备层合成一体，使数据的传输速率更快、实时性更高，并可与网络无缝集成，实现数据的共享，提高工厂的运作效率。但同时也引起了一系列的网络安全问题，工业网络可能会受到包括病毒感染、黑客的非法入侵与非法操作等网络安全威胁。

3.3.3　工业以太网的应用现状

工业以太网技术是当前工业控制领域中的研究热点，多家自动化公司已推出了自己的工业以太网解决方案，并开发了适当的应用层协议，使以太网和 TCP/IP 技术延伸至现场层，目前，典型的工业以太网协议有 EtherNet/IP，HSE，PROFINET，Modbus TCP/IP 等。

工业以太网与现场总线相比，它能提供一个开放的标准，使企业从现场控制到管理层实现全面的无缝信息集成，解决了由于协议的不同导致的"自动化孤岛"问题，从目前的发展来看，工业以太网在控制领域的应用主要体现为以下几种形式。

（1）混合 Ethernet/Fieldbus 的网络结构

这种结构实际上就是信息网络和控制网络的一种典型的集成形式。以太网正在逐步向现场设备级深入发展，并尽可能地和其他网络形式走向融合，但以太网和 TCP/IP 原本不是面向控制领域的，在体系结构、协议规则、物理介质、数据、软件、实验环境等方面并不成熟，而现场总线能完全满足现代企业对底层控制网络的基本要求，实现真正的全分布式系统。因此，需要在企业信息层采用以太网，而在底层设备级采用现场总线，通过通信控制器实现两者的信息交换。

（2）专用工业以太控制网络

如何利用工业以太网单独作为控制网络是工业以太网的发展方向之一，也是工业控制领域的研究热点。如德国 Jetter AG 公司的新一代控制系统 JetWeb，是将现场总线技术、100Mb/s 以太网技术、CNC 技术、PLC 技术、可视化人机接口技术和全球化生产管理技术融为一体的工业自动化控制系统，具有广泛的兼容性。

这种工业控制网络是将以太网贯穿于整个网络的各层次，使它成为透明的覆盖整个企业范围的应用实体。它实现了办公自动化与工业自动化的无缝结合，实质上是一个单层的扁平结构，其良好的可扩展性和互连性，使之成为真正意义上的全开放网络体系结构。

（3）基于 Web 的网络监控平台

嵌入式以太网是最近网络应用热点，能够通过 Internet 使所有连接网络的设备彼此互通（计算机、PDA、通信设备、仪器仪表、家用电器等）。在企业内部，采用以太网控制器，连接具有 TCP/IP 界面的控制主机及具有 RS-232 或 RS-485 接口的现场设备，可以进行工厂实时运行数据的发布和显示，管理者可以通过 Web 浏览器对现场工况进行远程实时监控、远程设备调试和远程设备故障诊断和处理。

3.4 Modbus TCP/IP 协议

1. Modbus TCP/IP 协议简介

Modbus TCP/IP 是 Modbus 的延伸，由施耐德电气定义并由 Modbus-IDA 支持，是作为一种（实际的）自动化标准发行的。它把 Modbus 作为应用层协议，TCP/IP 作为下层协议，广泛应用于电力、水利、冶金、化工、机械、制造业等监控系统中。

Modbus TCP/IP 采用以太网的物理层和数据链路层，可使用通用的网络部件。目前，我国已把 Modbus TCP/IP 列为工业网络的标准。国际互联网编号分配管理机构（Internet Asigned Numbers Authority，IANA）专门为其赋予 TCP502 端口。2004 年 1 月，法国召开的 SC65C 工作组会议中将 Modbus TCP/IP 列入 IEC 标准。

2. Modbus TCP/IP 协议的通信模型

对于工业以太网，物理层和数据链路层的标准是统一的，而应用层协议各自为主，标准不一。Modbus TCP/IP 的实现机制就是将适用于以太网 TCP/IP 的 Modbus 帧嵌入到 TCP 帧中，实现整个通信网络中应用层之间的有效通信。其通信族分别对应到 OSI 七层模型中的五层中，如图 3-8 所示。

层	OSI模型	Modbus TCP/IP 的五层模型
7	应用层	MODBUS应用协议层
6	表示层	空
5	会话层	空
4	传输层	TCP协议
3	网络层	IP协议
2	数据链路层	Etnernet Ⅱ/802 3 IEEE 802.2
1	物理层	以太网物理层

图 3-8 Modbus TCP/IP 的五层模型

每层主要任务及作用如下：

第 1 层：物理层，提供设备的物理接口，与比较普遍采用的以太网介质/网络适配器相兼容。

第 2 层：数据链路层，格式化信号到包含源/目的硬件地址的数据帧。

第 3 层：网络层，实现带有 32 位 IP 地址的 IP 报文包。

第 4 层：传输层，实现可靠性连接、传输、查错、重发、端口服务等。

第 5 层：应用层，Modbus 报文传输协议。

3. Modbus TCP/IP 协议的数据帧

Modbus 的帧格式由附加地址、功能代码、数据域和校验域组成。Modbus TCP/IP 是真正通过 Ethernet TCP/IP 途径的 Modbus。它使用与 Modbus 同样的寄存器和位表示法，还使用为 Moubus 定义的同样函数。所有 Modbus 消息和 Modbus TCP/IP 消息是一致的，但是 Modbus TCP/IP 不再存在 CRC 或 LRC 校验域，而是添加了一个 Modbus 应用帧头（MBAP：Modbus Application Protocol），可对 Modbus 参数及功能进行解释。每个 TCP/IP 报文仅可含有一个 Modbus 帧。Modbus 与 Modbus TCP/IP 数据帧格式比较如图 3-9 所示。

（a） Modbus 数据帧格式　　（b） Modbus TCP/ IP 数据帧格式

图 3-9 Modbus 与 Modbus TCP/IP 数据帧格式比较

Modbus TCP/IP 数据帧包含了报文头、功能代码和数据三部分。MBAP 报文头分四个域，共 7 个字节。具体功能描述见表 3-6。

表 3-6 MBAP 报文头

域	长 度	描 述	客 户 端	服务器端
传输标志	2B	标志某个 Modbus 询问/应答的传输	由客户端生成	应答时复制该值

域	长 度	描 述	客 户 端	服务器端
协议标志	2B	0=Modbus 协议 1=UNI-TE 协议	由客户端生成	应答时复制该值
长度	2B	后续字节计数	由客户端生成	应答时由服务器 端重新生成
单元标志	1B	定义连接于目的 节点的其他设备	由客户端生成	应答时复制该值

报文举例如下：

① 主站查询报文（表 3-7）。

表 3-7　主站查询报文

MBAP 报文头	事务处理标识符 Hi	1B
	事务处理标识符 Lo	1B
	协议标识符	2B
	报文长度	2B（从该字节以后的所有字节长度）
	单元标识符（装置地址）	1B
功能码	01/02/03/04/07	1B
数据	寄存器地址	2B
	寄存器个数	2B

② 子站响应报文（表 3-8）。

表 3-8　子站响应报文

MBAP 报文头	事务处理标识符 Hi	1B
	事务处理标识符 Lo	1B
	协议标识符	2B
	报文长度	2B（从该字节以后的所有字节长度）
	单元标识符（装置地址）	1B
功能码	01/02/03/04/07	1B
数据	数据长度	1B
	数据	nB（n=数据长度）

4．Modbus TCP/IP 协议的传输模式

Modbus TCP/IP 采用客户端/服务器的模式交换实时信息。该模式下通常存在 4 种报文类型，即请求（Modbus Request）、确认（Modbus Confirmation）、指示（Modbus Indication ）、响应（Modbus Response）。Modbus 请求是客户端在网络上发送用来启动事务处理的报文，Modbus 指示是服务器接收的请求报文，Modbus 响应是服务器发送的响应信息，Modbus

确认是在客户端接收的响应信息。

Modbus TCP/IP 客户端/服务器通信模式如图 3-10 所示。

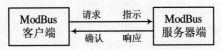

图 3-10 客户端/服务器通信模式

小 结

本章主要对现场总线进行简单的介绍。首先给出现场总线技术的概念、特点，以及发展现状；其次针对几种典型的现场总线进行介绍，其中包括 Modbus 总线、CANopen 总线等；最后介绍了工业以太网及 Modbus TCP/IP 协议。

第 4 章

运动控制系统基础实践

4.1 人机界面 XBT GT2330

人机界面是实现操作者与设备之间信息交换的媒介，本节中以施耐德电气 XBT GT 系列的触摸屏为例，对人机界面产品的性能及使用方法进行详细介绍。

4.1.1 硬件概述

施耐德电气的触摸屏产品根据尺寸的不同可以分为小型（3.8 英寸）、中型（5.7 英寸）和大型（7.5 英寸、10.4 英寸、12.1 英寸、15 英寸）三类。以中型产品 XBT GT2330 为例介绍硬件配置，其外观如图 4-1 所示。其他型号参见相应的产品使用手册。

XBT GT2330 的工作电压为 24VDC，QVGA 屏幕分辨率，彩色屏幕显示，TFT 薄膜晶体管型（主动矩阵型）屏幕技术。采用的附件有 XBTZG935（XBTGT2000-7000 系列型号适用）、XBTZG925（XBT GT1100 适用）编程电缆、XBTZ9780（施耐德 Twido、Mricro、Premium PLC 适用）、90NAA26320（高端市场部 HEC 产品，Quantum 适用）通信电缆及 Vijeo Designer V4.7 配置软件。

触摸屏 XBT GT2330 的硬件结构如图 4-2 所示。

图中部件介绍如下：

A：显示屏（触摸屏），显示用户创建的屏幕和远程设备变量，执行屏幕更改操作并将数据发送到主机（PLC）。

B：状态 LED，五种状态。绿色（点亮）：正常运行（已接通电源）或离线操作；橙色（点亮）：检测到背景灯烧毁；橙色（闪烁）：软件启动中；红色（点亮）：电源接通；熄灭：电源断开。

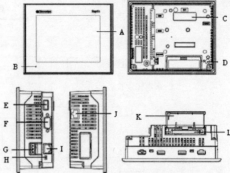

图 4-1　XBT GT2330 外观　　　　　图 4-2　XBT GT2330 硬件结构

C：扩展单元接口，连接具有通信功能的扩展单元。

D：CF 卡访问指示灯，两种状态。绿色点亮：CF 卡已插入且护盖关闭，或者正在访问 CF 卡；绿色熄灭：未插入 CF 卡或目前没有访问 CF 卡。

E：USB 接口。

F：串行接口 COM1。

G：电源输入端子块。

H：RS-485 线路极化选择器开关。

I：串行接口 COM2。

J：以太网接口，使用 RJ-45 连接器。LED 灯有四种状态。分别是：绿色点亮表示可传输数据；绿色熄灭表示无连接或后续传输失败；黄色点亮表示正在进行数据传输；黄色熄灭表示无数据传输。

K：CF 卡护盖，在访问 CF 卡时，必须合上此护盖。

L：CF 卡插槽，可将 CF 卡插入此插槽。

根据以上硬件结构，XBT GT2330 可通过 USB、COM、CF 卡及以太网等形式与各类外设相连接，可连接的外设包括 PLC、打印机、摄像机等，如图 4-3 所示。

4.1.2　编程软件 Vijeo Designer

XBT GT 系列触摸屏的编程软件为 Vijeo Designer，它可以为人机界面设备创建操作员画面并配置操作参数。它提供了设计人机界面项目设计所需的多种工具（包括从数据采集到动画图形的创建和显示等）。通过 Vijeo Designer 创建的图形对象、脚本和画面可保存在工具箱中，以便在其他项目中反复使用。重复使用数据的功能对于优化新应用程序的开发有极大的帮助，使协同开发的应用程序具有标准化的屏幕。

1．开发环境

图 4-4 为 Vijeo Designer 开发环境的一些简单介绍，涵盖了主屏幕及各个工作窗口的图标及用途。

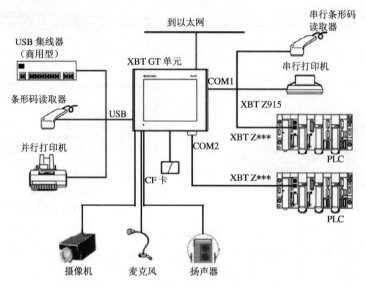

图 4-3　XBT GT2330 外设连接

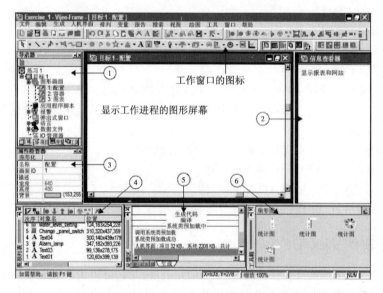

图 4-4　Vijeo Designer 开发环境

各个工作窗口的功能简述见表 4-1。

表 4-1　Vijeo Designer 开发环境窗口功能

编　号	界面/图标名称	说　　明
1	导航窗口	主要用于创建应用程序。每个对象的信息分为多个层次，就像文件浏览器一样
2	查看信息	显示联机帮助或报告内容

续表

编　号	界面/图标名称	说　明
3	检查器	显示所选对象的参数。当选择了多个对象时，只显示各对象的公共参数
4	数据列表	列举图中的所有对象，并指定创建顺序、名称、位置、动画和相关变量。图中所选对象是列表中的亮显对象
5	反馈区	显示错误检查、编辑和加载的进程和结果。 当发生错误时，系统显示错误信息或报警信息
6	图库	用于保存以前创建的组件库（条形图、定时器等）。要在图中放置一个组件，必须选择该组件，然后将其拖放到图中

2．主要特性

（1）重复使用数据

使用两种类型的数据变量，在用户应用程序中创建的内部数据变量和设备（PLC，I/O 等）提供的外部数据变量；

用 Vijeo Designer 创建的图形对象、脚本和面板可以保存在 Toolchest 中。因此，创建的这些对象可在其他项目中重复使用。

（2）连接多个 PLC

可用于同时与多个 PLC 进行通信。

（3）创建界面页

可用于快速、方便地创建动态屏幕。它将各种功能结合到一个简单的程序中，如移动对象、放大缩小、水平指示器、开关指示器、按钮或其他专用图形。动画符号可用于很方便地创建和编辑图形界面。

（4）使用脚本

具有一种创建脚本的功能。因此，由一个应用程序创建的"结构块"可很方便地在其他项目中重复使用。

（5）报告

具有一种高级功能，专用于简化动画界面使用变量的管理，如通过 Inspector 窗口来配置和修改对象的变量和属性。

（6）编辑其他应用程序创建的变量

可以导入或导出 CSV 文件中的变量，在 Vijeo Designer 中创建的变量也可以被导出到其他应用程序中。

4.1.3　应用实例——灯光控制模拟演示系统

1．实验目的

① 学习掌握 Vijeo Designer 图形画面、典型绘图对象的建立和配置；

② 学习掌握 Vijeo Designer 变量的建立及其和图形对象的挂接；

③ 学习掌握 Vijeo Designer 脚本语言的编程；

④ 学习掌握 Vijeo Designer 工程的验证、生成、模拟、下载；

⑤ 熟悉人机界面 XBT GT2330 的硬件接口及其与 PC 的连接。

2. 实验要求

实现灯光模拟运行的两种控制方式：输入数值控制模式和开关按钮控制模式。

① 控制对象：灯的数量为 6 个，灯类别有"基本单元"和"位图"两种，每种各 3 个。

② 输入数值控制模式：输入灯的编号，单击"点亮"按钮即可打开该灯，同时用"测量计"控件来显示当前打开灯的编号。

③ 开关按钮控制模式：6 个灯中有 5 个灯用开关进行控制，1 个灯用单选按钮来进行控制。

开关类别也分"基本单元"和"位图"两种。同时用"选择器"来模拟旋钮开关，实现灯的控制。

3. 设计方案

（1）图形画面

图形页面设计表见表 4-2，图形画面设计如图 4-5 所示。

表 4-2 图形页面设计表

画面 ID	名　称	画面内容	说　明
1	Menu	Logo 图片、文本、"输入数值控制"按钮、"开关按钮控制"按钮、日期显示、时间显示	系统主菜单页面
2	InputText	3 个基本单元指示灯、3 个位图指示灯、文本、数值显示、"点亮开关"按钮、测量计、"返回"按钮	输入数值控制模式页面
3	SwitchButton	3 个基本单元指示灯、3 个位图指示灯、文本、单选按钮、2 个基本单元按钮、3 个位图按钮、选择器、"返回"	开关按钮控制模式页面

（a）

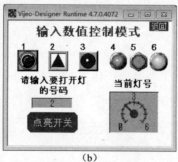

（b）

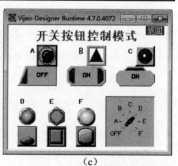

（c）

图 4-5　图形画面设计

（2）变量定义

变量有离散型、整型、浮点型和字符串型四种类型，分内部和外部两大类。变量定义表见表4-3。内部变量仅在工程中被使用，不与外部设备通信。外部变量通过与连接的设备通信来获取数据。

表4-3　变量定义表

名　　称	数据类型	数 据 源	说　　明
Lamp1～Lamp6	离散型	内部	控制灯1～6打开和关闭
Switch_1～Switch_6	离散型	内部	灯1～6开关按钮
LampNO	整型	内部	灯1～6的状态指示
Selector_1	整型	内部	灯1～6的旋钮开关

（3）硬件连接

24V电源模块1只，6A断路器2只，人机界面采用 XBT GT2330，和 PC 连接的电缆型号为 XBTZG935，USB 方式下载。

4．实验步骤

该部分仅列出实现工程的关键步骤，其他未叙述的步骤及内容请参考示例程序自行添加。

（1）创建工程

① 启动 Vijeo-Designer，弹出如图4-6所示对话框，选择"创建新工程"选项。

② 单击"下一步"按钮，在弹出的对话框中输入工程名称，如图4-7所示。

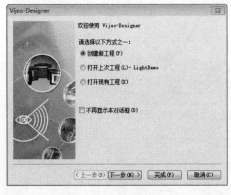

图4-6　工程创建向导

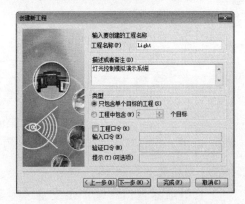

图4-7　创建新工程

③ 单击"下一步"按钮，在弹出的对话框中选择目标类型为"XBT GT2330"，如图4-8所示。

④ 单击"下一步"按钮，在弹出的对话框中设置目标，如果是通过以太网进行通信，就需要输入 IP 地址，注意所设置的 IP 地址均要和 PC 机，以及其他通信设备在同一个网段，如图4-9所示。

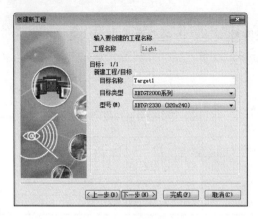
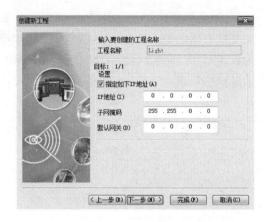

图4-8 目标类型选择　　　　　　　　图4-9 IP地址配置

⑤ 单击"下一步"按钮，添加驱动程序和设备，如果采用以太网通信，在驱动程序中选择 Modbus TCP/IP，如果采用 Modbus 通信，在驱动程序中选择 Modbus（RTU），如图4-10 所示。

图4-10 新建驱动程序

⑥ 单击"完成"按钮，即完成项目的创建。

（2）创建变量

① 在导航器窗口右键单击变量选项卡，弹出菜单，选择新建离散型变量，具体如图4-11 所示。

② 从变量属性窗口将名称 Discrete01 改为 Lamp1，数据类型选择为离散型，数据源选择为内部，即完成 1 号灯开关变量的基本定义。也可双击变量编辑器中的记录，弹出变量属性窗口，进行对应的修改（以 1 号灯开关变量为例），分别如图4-12 和图4-13 所示。

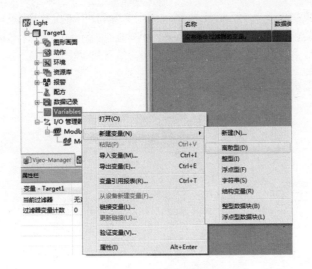

图 4-11　新建变量窗口

图 4-12　变量属性窗口

图 4-13　变量弹出窗口

③ 参照上一步骤，完成其他变量的创建。

（3）创建图形画面

图形对象工具条如图 4-14 所示，选择图标，然后在图形画面上单击即可添加该对象，图 4-14 中标示出经常用到的对象。

图 4-14　图形对象工具条

① 在导航器中右键单击基本画面，弹出菜单，选择新建画面，系统自动命名为 Panel1。单击属性栏，修改名称为 Menu、背景色为白色（以页面 Menu 为例），如图 4-15 和图 4-16 所示。

图 4-15　新建画面

图 4-16　修改画面属性

② 根据页面 Menu 的设计方案，分别添加图片、文本、矩形框及文本组合等元素。在画面上每添加一个绘图对象，都会弹出设置对话框，可以进行名称、颜色、标签、动作等属性。如添加文本对象会弹出如图 4-17 所示的对话框。

图 4-17　文本编辑框弹出窗口

③ 按照画面创建步骤和设计要求，依次创建页面 InputText 和页面 SwitchButton。

④ 按照设计要求，依次添加页面内的绘图对象。下面以页面 InputText 和页面 SwitchButton 中比较典型的对象为例进行配置介绍。

（4）典型对象添加

1）指示灯设置

弹出如图 4-18 所示窗口，输入名称，从变量列表中选择变量，类别选择基本单元，同时也可改变指示灯的颜色和动画设置。配置完成后，灯 Lamp01 的打开和关闭就由 Lamp1 来控制（以 1 号灯为例）。

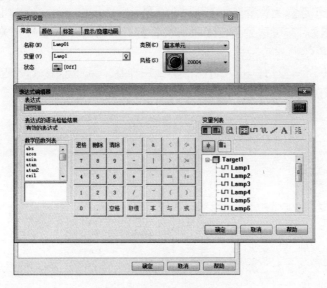

图 4-18　指示灯设置窗口

2）数值显示设置

弹出如图 4-19 所示窗口，输入名称，选择数据类型为整型，从变量列表中选择变量 LampNO，勾选启用输入模式、零抑制，设置显示位数，同时也可配置输入模式、颜色等参数。配置完成后，可达到单击控件弹出键盘，键盘输入的值即赋给变量 LampNO（以灯编号显示输入框为例）。

图 4-19　数值显示设置窗口

3）开关设置

弹出如图 4-20 所示窗口，输入名称，类别选择基本单元，指示灯变量设置为 Switch_1，单击时要进行的操作选择为位翻转，要控制的目标变量为 Lamp1，同时也可修改颜色、标签等参数。配置完成后，可达到单击 1 号开关，打开 1 号灯（以 1 号开关为例）。

4）选择器设置

弹出如图 4-21 所示窗口，输入名称，类别选择基本单元，变量设置为 Selector_1，设置指示器风格，面板风格，状态号设置为 7，同时也可修改颜色、标签等参数。配置完成后，可以达到一个 6 挡旋钮开关的效果（以旋钮开关为例）。

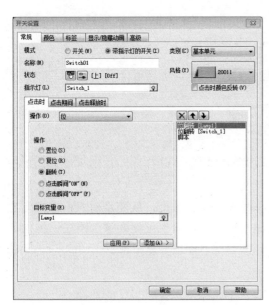

图 4-20 开关设置窗口

图 4-21 选择器设置窗口

5）脚本编辑

双击"点亮开关"组合对象，弹出如图 4-22 所示窗口，在"点击"页中，选中"启用点击动画"选项，双击此记录，打开功能设置窗口，将链接置为"脚本"，触发条件选择"点击时"，在空白框中按照 Vijeo-Designer 的编程规则编写脚本，实现对变量的复杂控制（以点亮开关为例）。

下面的代码即实现根据 LampNO 的值来控制该开关的开断。

```
int a = 0 ;
a = LampNO.getIntValue();      //将 LampNO 的值赋给整型变量 a
switch (a)                     //switch-case-default 控制语句
{
    case 1:                    //1 号灯亮
      Lamp1.write(1);
```

```
    break;
  case 2:                 //2 号灯亮
    Lamp2.write(1);
    break;
  case 3:                 //3 号灯亮
    Lamp3.write(1);
    break;
  case 4:                 //4 号灯亮
    Lamp4.write(1);
    break;
  case 5:                 //5 号灯亮
    Lamp5.write(1);
    break;
  case 6:                 //6 号灯亮
    Lamp6.write(1);
    break;
  default:                //默认状态下全灭
    Lamp1.write(0);
    Lamp2.write(0);
    Lamp3.write(0);
    Lamp4.write(0);
    Lamp5.write(0);
    Lamp6.write(0);
}
```

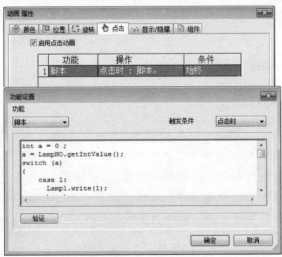

图 4-22 脚本编辑窗口

（5）工程验证、生成、模拟、下载

Vijeo-Designer 有模拟运行和下载到设备运行两种方式。在"生成"菜单下有"验证目标"、"生成目标"、"模拟"、"下载目标"等功能，具体如图 4-23 所示。

　　程序编写完成后，单击"验证目标"菜单，系统会自动进行验证，如果程序有错误会在反馈区进行提示；验证无误后，单击"生成目标"菜单，系统会自动进行编译，生成将在 Vijeo-Designer Runtime 中运行的用户应用程序，需要注意的是，必须先生成用户应用程序，然后才能对其进行模拟或在目标机器上运行该程序；单击"模拟"菜单，系统会自动生成一个画面，模拟程序的运行过程，如图 4-23 所示。

　　当要将应用程序下载到实际目标时，系统提供 USB、以太网、文件系统三种下载方式，可以在属性栏中进行配置。对于以太网下载，需要输入 IP 地址、子网掩码和网关信息，而且 PC 机的 IP 要和触摸屏在同一个网段中，如图 4-24 所示。

图 4-23　目标生成菜单

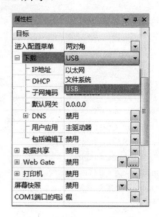

图 4-24　下载方式选择

4.2　可编程控制器 Twido

4.2.1　Twido PLC 硬件概述

　　Twido PLC 是一款紧凑型的可编程控制器，可应用于各种设备的自动化控制系统中。Twido 系列小型 PLC 具有灵活的配置、紧凑的结构、强大的功能、丰富的通信方式、完善的编程软件、CPU 的 FIRMWARE 可不断升级等特点，因此，性价比比较高。

　　Twido PLC 由本体和扩展模块组成。本体集成了 CPU、存储器、电源、输入、输出几部分。Twido 控制器有一体型、模块型两种模式的 CPU 本体。Twido 系列 PLC 的 CPU 型号共有 13 种（一体型 8 种，模块型 5 种）。

1. 本体模块

　　以一体型 TWDLCAE40DRF 为例来说明，TWDLCAE40DRF 外观如图 4-25 所示，其结构如图 4-26 所示。

　　TWDLCAE40DRF 为一体型 40 I/O 控制器。具有 24 个数字量输入，14 个继电器（2A）和 2 个晶体管（1A）输出，2 个模拟电位器输入，1 个集成的串行口及内置以太网 RJ-45

接口等功能。

图 4-25　TWDLCAE40DRF 及部分扩展模块（离散量、模拟量 、CANopen、Modbus）外观

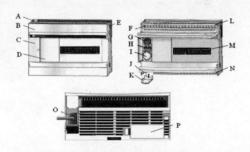

图 4-26　TWDLCAE40DRF 硬件结构

A—安装孔；B—端子盖；C—翻盖；D—连接操作显示的可拆卸外壳；E—扩展连接器；F—传感器电源端子；
G—串行口 1；H—模拟电位器输入；I—串行口 2；J—电源接线端子，100～240VAC；K—插卡连接器，位于控制器底部；
L—输入端子；M—指示灯；N—输出端子；O—RJ-45 100Base-TX 以太网口；P—电池盒，用户可更换电池

2．扩展模块

Twido PLC 本体可连接离散量、模拟量模块和通信模块等各种功能的扩展模块，来增加 I/O 点数和特殊功能（如 A/D、D/A、通信接口等）。离散量 I/O 共有 15 种扩展模块，模拟量 I/O 有 8 种扩展模块。

Twido PLC 的通信功能很强大，提供多种通信模块支持不同的通信方式：

① TWDNCO1M CANopen 主站模块，作为扩展模块使用，连接在本体控制器右侧，最大能连接 16 个从站，CANopen 总线的参数设置完全在编程软件 TwidoSoft 中完成。

② TWDNAC485T RS485 扩展通信卡，可连接在 I 串行口处，用于实现串行通信。

③ 499TWD01100 以太网网桥，10/100M，RJ-45 接口，可以配合任意型号 Twido PLC 使用，串行链路配置的自动检测。连接到 Twido 控制器的 RS-485 端口，无须外接的辅助电源。

各扩展模块可以有多种点数组合、输出类型供用户选择。详细情况请参见相关选型手册。

3．硬件连接

Twido PLC 与 PC 间的通信有三种硬件连接方式，连接 PC 到 Twido 控制器需要通信电缆。可以用以下任意一种方式来连接：

① 使用特殊的多功能电缆将 PC 的 COM 或 USB 串行口与控制器的端口 1 相连：TSX PCX 1031 电缆实现在 RS-485 和 RS-232 间的信号转换，TSX PCX 3030 电缆实现在 RS-485 和 USB 间的信号转换，如图 4-27 所示。

所有 Twido 控制器的端口 1 都是内置的 RS-485 端口，必须使用此端口与 TwidoSoft 编程软件进行通信。当把通信电缆连到端口 1 时，自动进入与 TwidoSoft 通信需要的通信协议的工作模式。TSX PCX 1031 和 TSX PCX 3030 编程电缆配有四位旋转开关以用于不同模式。将开关置于位置 2 即为 TwidoSoft 软件编程模式。专用通信电缆连接如图 4-27 所示。

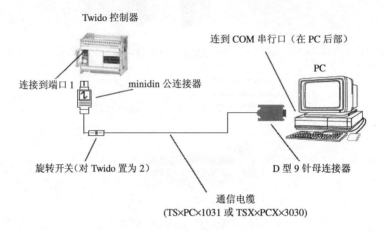

图 4-27　专用通信电缆连接

② 使用电话线连接两个调制解调器，一个调制解调器接到控制器的端口 1，另一个接到 PC 的 COM 串口（或是内置调制解调器），如图 4-28 所示。

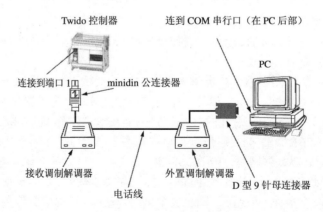

图 4-28　调制解调器连接

③ TWDLCAE40DRF 本身内置以太网的模块，可以用 RJ-45 以太网电缆把 PC 和控制器 RJ-45 连接到集线器或交换机上实现通信，如图 4-29 所示。

4.2.2　编程软件 TwidoSoft

TwidoSoft 是一款基于 Windows 操作系统的 32 位图形化开发环境，专为 Twido 可编程控制器建立、配置和维护应用程序。

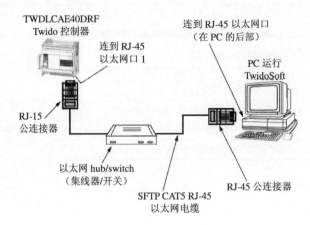

图 4-29 以太网连接

1. 开发环境

TwidoSoft 主窗口为菜单和命令、窗口和工具栏，以及应用程序的查看提供了轻松的访问方法。如图 4-30 所示为 TwidoSoft 主窗口外观。表 4-4 为 TwidoSoft 主窗口组件描述。

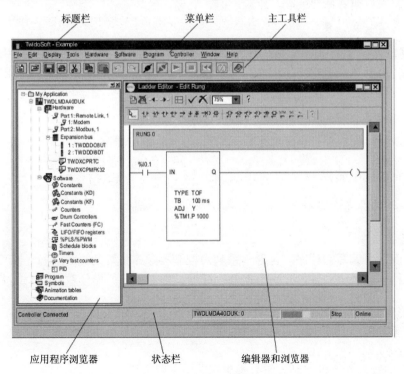

图 4-30 TwidoSoft 主窗口

表 4-4　TwidoSoft 主窗口组件

组件描述	组件描述
标题栏	显示 TwidoSoft 应用程序的图标和标题、路径和文件名，如果在显示区域最大化，则还能显示当前所用的编辑器或浏览器
菜单栏	接近主窗口上方，包含 TwidoSoft 菜单名称并以水平栏形式出现的主菜单
主工具栏	在菜单栏下方，包含了常用菜单命令按钮的面板
应用程序浏览器	为应用程序的查看提供方便的、树型结构的浏览
编辑器和浏览器	编辑器和浏览器是 TwidoSoft 的窗口，为应用程序的有效开发和配置提供了方便
状态栏	显示有关应用程序、控制器和 TwidoSoft 的信息

2．主要功能和特点

（1）应用程序浏览器

使用应用程序浏览器查看、配置、编制和维护应用程序。同样的命令也可以方便地从菜单中获得。可用图形化的方式来配置控制器，扩展 I/O 和选件。

（2）存储器分配

通过状态栏中的存储器使用状态（在存储器编辑器中也可见）来查看程序已使用存储器的百分比。当可用存储器低到一定程度时，会发出警告。

（3）在线和离线操作

离线操作中，TwidoSoft 未与控制器相连，所以只能改变 PC 存储器中的应用程序，可使用离线操作来创建和配置应用程序。在线操作中，TwidoSoft 直接与控制器相连，所以，能改变控制器存储器中的应用程序，可使用在线操作来运行控制器和调试修改应用程序。

（4）应用程序保护

应用程序可以被保护，以防止未授权的查看、修改和复制。

4.2.3　TwidoSoft 编程

TwidoSoft 软件允许使用指令表语言和梯形图语言编程。

1．指令表

以指令表语言编写的程序，包含一系列由控制器顺序执行的指令。每个指令表指令，由一个单一程序行表示，并包含三个部分：行号、指令代码、操作数（一个或多个）。

2．梯形图

梯形图类似于用来描述继电器电路的逻辑图。梯形图指令由图形单元组成，具有如下特点：

① 所有的输入都可以用触点符号来表示。

② 所有的输出都可以用线圈来表示。

③ 梯形图指令中包括数字运算。

由梯形图语言编写的程序包含相连的图形元件组成的网络，这些元件组织成为梯级并由控制器顺序执行。

梯形图语言在实际中应用较多，本教材将只对梯形图语言编程进行介绍。

（1）图形单元

1）触点

触点图形单元用于测试区编程且占据一个单元（一行一列），见表4-5。

表4-5　触点图形单元功能表

名　字	图形单元	指　令	功　能
常开触点	—│ ├—	LD	当控制位对象为状态1时通过触点
常闭触点	—│/├—	LDN	当控制位对象为状态0时通过触点
上升沿触点	—│P├—	LDR	上升沿：检测控制位对象从0变为1
下降沿触点	—│N├—	LDF	下降沿：检测控制位对象从1变为0

2）连接元件

图形连接单元用于连接测试和动作图形单元，见表4-6。

表4-6　图形连接单元功能表

名　字	图形单元	功　能
水平连接	——————	两个电源栏之间测试和动作图形单元的连续连接
垂直连接	│	平行测试和动作图形单元连接

3）线圈

用于动作区编程且占据一个单元（一行一列），见表4-7。

表4-7　图形线圈单元表

名　字	图形单元	指　令	功　能
直接线圈	—（ ）—	ST	相关位对象得到测试区结果值
取反线圈	—（/）—	STN	相关位对象得到测试区结果的相反值
置位线圈	—（S）—	S	当测试区结果为1时相关位对象被置为1
复位线圈	—（R）—	R	当测试区结果为1时相关位对象被置为0
跳转或子程序调用	—→》	JMP SR	连接到一个标注指令，向上跳转或向下跳转
子程序返回（在扩展指令中）	〈 RET 〉	RET	位于子程序末端返回到主程序
结束程序（扩展指令）	〈 END 〉	END	程序结束定义

4）功能块

模块的图形单元在测试区被调用，需要四行两列单元（超高速计数器除外，需要五行两列单元），见表 4-8。

表 4-8　图形功能块单元表

名　字	图形单元	功　能
定时器、计数器、寄存器等		每个功能模块使用输入、输出和其他图形单元连接 注意：功能模块的输出不能互相连接（垂直短接）

5）比较和操作块

比较模块在测试区被调用，操作模块在动作区被调用，见表 4-9。

表 4-9　图形比较、操作块单元表

名　字	图形单元	功　能
比较模块		比较两个操作数，当结果为真时输出变为 1 大小：一行两列
操作模块		完成算术和逻辑运算 大小：一行四列

（2）操作数和变量符号

1）Twido 语言对象

位对象：位对象是用作操作数且为布尔指令测试的位类型软件变量。位对象包括 I/O 位、内部位（存储位）、系统位、功能模块位、字的抽取位、步位等。

字对象：字对象是存放在数据存储区中的 16 位字，它可表示–32768～32767 之间的任何整数（除了高速计数器函数模块是 0～65535）。字对象包括立即值、内部字（%MWi）、常量字（%KWi）、I/O 交换字（%IWi，%QWi）、系统字（%SWi）、功能模块等。

2）操作数

操作数是可在程序指令中处理的数字、地址或表示值的符号。例如，在上面的采样程序中，操作数 %I0.1 是一个地址，被赋给了控制器的一个输入值。一条指令根据指令代码的类型可以包含 0～3 个操作数。

用于布尔指令允许的操作数类型见表 4-10。

表 4-10　操作数表

操　作　数	描　　述
0/1	立即值 0 或 1
%I	控制器输入 %Ii.j
%Q	控制器输出 %Qi.j
%M	内部位 %Mi
%S	系统位 %Si
%X	步位 %Xi
%BLK.x	功能模块位（例如，时间模块 %TMi.Q、计数模块 %Ci.D 等）

操 作 数	描　　述
%•:Xk	字位（例如，%MWi:Xk）
[ ]	比较表达式（例如，[%MWi<1000]）

3）变量符号

使用变量符号编辑器赋给程序中的数据变量易识别的字母名称，称为变量符号。使用变量符号可以迅速检查和分析程序逻辑，并且大大简化了应用程序的开发和测试。

定义变量符号的规则：至多 32 个字符；字符（A～Z），数字（0～9），或下划线（_）；第一个字符必须为字母或重点符号；不能出现空格或特殊符号；不区分大小写。

（3）功能模块

功能模块是在存储器中创建的地址模块，用来执行可被程序使用的特殊功能。可配置的功能模块有定时器、计数器、高速计数器、超高速计数器、鼓形控制器、LIFO/FIFO 寄存器、PLS/PWM 脉冲发生器、调度模块等。

1）定时功能模块（%TMi）

在 PLC 内的定时器是根据时钟脉冲的累积形式，当所计时间达到设定值时，其输出触点动作，时钟脉冲有 1ms，10ms，100ms，1s，1min。可以使用用户程序存储器的常数作为预置值。定时器参数表见表 4-11。

表 4-11　定时器参数表

参　　数	标　　识	值
定时器编号	%TMi	0～63:TWDLCAE10DRF 和 TWDLCAE16DRF；0～127 对所有其他控制器
类型（TYPE）	TON	定时器导通—延时（默认）
	TOF	定时器关断—延时
	TP	脉冲（单稳态）
时基	TB	1min（默认），1s，100ms，10ms，1ms
当前值	%TMi.V	当定时器工作时，该字从 0 增加到%TMi.P。可被程序读和测试，但不可写。%TMi.V 可以通过活动表编辑器修改
预置值	%TMi.P	0～9999，该字可读、测试和被修改，默认值是 9999；周期或产生的延时为%TMi.PxTB
动态监控表编辑器	ADJ	Y:Yes，预置%TMi.P 值可以通过活动表编辑器修改；N:No，预置%TMi.P 值不能被修改
输入使能（或指令）	IN	上升沿（TON 或 TP 类型）或下降沿（TOF 类型）启动定时器
定时器输出	Q	根据执行功能的类型，相关位%TMi.Q 置为 1: TON，TOF 或 TP

注：预置值越大，定时器的精度越高。

2）计数器模块（%Ci）

加/减计数器模块提供的加和减计数，这两种运算可同时进行。计数器参数表见表 4-12。

表4-12 计数器参数表

参 数	标 识	值
计数器编号	%Ci	0~127
当前值	%Ci.V	字根据输入（或指令）CU 和 CD 被增加或减少。可被程序读和测试，但不可写。使用数据编辑器修改%Ci.V
预置值	%Ci.P	0≤%Ci.P≤9999，能被读、测试和写默认值
用活动表编辑器编辑	ADJ	Y:Yes， 预置值可以通过活动表编辑器修改 N:No， 预置值不能使用活动表编辑器修改
输入（或指令）复位	R	状态为 1：%Ci.V = 0
输入（或指令）预置	S	状态为 1：%Ci.V = %Ci.P
加运算输入（或指令）	CU	在上升沿增加%Ci.V
减运算输入（或指令）	CD	在上升沿减少%Ci.V
减运算溢出输出	E（Empty）	当减计数器%Ci.V 从 0 变到 9999 时，相关位%Ci.E=1；当%Ci.V 到达 9999 时置为 1，如果计数器继续减少则复位为 0
预置输出达到	D（完成）	当%Ci.V=%Ci.P 时，相关位%Ci.D=1
加运算溢出输出	F（Full）	当加计数器%Ci.V 从 9999 变到 0 时，相关位%Ci.F=1；当%Ci.V 到达 0 时置为 1，如果计数器继续增加则复位为 0

3）LIFO/FIFO 寄存器

一个寄存器是一个内存块，可以存储 16 个 16 位的字，可用两种方式的其中一种：队列方式（先入先出）即 FIFO；堆栈模式（后进先出）即 LIFO。

4）高级功能模块

脉宽调制功能模块（%PWM），脉冲发生器输出功能模块（%PLS），鼓控制器功能模块（%DR），高速计数器功能模块（%FC），超高速计数器功能模块（%VFC），调度模块等，在此不进行详细介绍，请参考相关书籍。

4.2.4 应用实例——简易灯光控制

1. 实验目的

① 学习掌握 TwidoSoft 程序的建立和驱动器的基本配置；

② 学习掌握 TwidoSoft 梯形图编程的基本步骤；

③ 学习掌握定时器、计数器、内部位的使用；

④ 学习掌握程序的连接、下载、运行，以及动态数据表的编辑；

⑤ 熟悉 24V 灯、按钮和 PLC 输入/输出端口的连接。

2. 实验要求

通过 4 种方式实现灯的打开和关闭，具体如下：

① 直接控制：控制按钮按下，灯即打开；

② 定时器控制：控制按钮按下 3s 后，灯才打开；

③ 计数器控制：控制按钮按下 5 次后，灯才打开；

④ 内部位控制：PLC 内部位 %Mi 置位后，灯才打开。

3. 设计方案

（1）控制逻辑

几种控制方式见表 4-13。

表 4-13　几种控制方式

控制方式	输 入 量	输出量	说　明
直接控制	%I0.0	%Q0.2	24V 信号经按钮输入到 I0.0，Q0.2 输出 24V 信号
定时器控制	%I0.1	%Q0.3	在直接控制基础上加 TON 定时器
计数器控制	%I0.2	%Q0.4	在直接控制基础上加 TP 定时器
内部位控制	%M1	%Q0.5	输入信号改为内部位，通过动态数据表置位

（2）硬件连接

24V 灯 4 个，控制按钮 3 个，24V 电源模块 1 只，6A 断路器 2 只，PLC 采用 TWDLCAE40DRF，和 PC 连接的电缆型号为 TSX PCX 3030，USB 方式下载。

4. 实验步骤

（1）创建工程

① 启动 TwidoSoft，单击"文件"菜单中的"新建"，弹出如图 4-31 所示的功能级别管理对话框，选择"自动"、"最高可能性"。

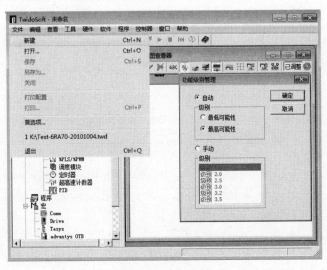

图 4-31　新建工程

② 右键单击导航栏中的默认的控制器 TWDLMDA40DTK，弹出如图 4-32 所示的菜单，单击"更改控制器类型"，将其改为本实验用的 TWDLCAE40DRF。

③ 单击梯形图查看器中工具条的"添加"按钮，准备插入一行梯形图，如图 4-33 所示。

图 4-32　更改控制器类型　　　　　　　　图 4-33　梯形图查看器

④ 单击梯形图编辑器中工具条上的常开触点，然后在下面的编辑区中单击添加，双击并输入%I0.0；单击工具条上的线圈，同样添加后输入%Q0.2；单击 F11 填充水平线，将输入和输出连接起来；之后单击 ✔ 按钮，接受修改，保存该行。至此第一行程序编写完毕，实现灯的直接控制，如图 4-34 所示。

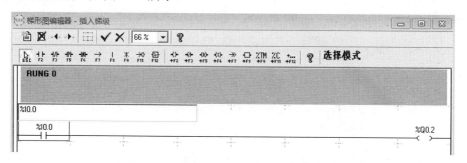

图 4-34　梯形图编辑器

⑤ 同样的方法，编写第二行程序，此时在输入触点和输出线圈之间添加一个定时器%TM0，双击定时器设置类型为 TON，时基为 1s，预设值为 3，保存修改。至此第二行程序编写完毕，实现灯延时 3s 的控制，如图 4-35 所示。

⑥ 同样的方法，编写第三行程序，此时在输入触点和输出线圈之间添加一个计数器%C0，双击计数器设置预设值为 5，%I0.2 接计数器 CU，%Q0.4 接计数器 D，保存修改。至此第三行程序编写完毕，实现按 5 次按钮打开灯的控制，如图 4-36 所示。

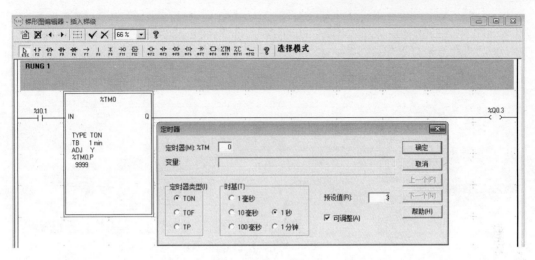

图 4-35　定时器配置

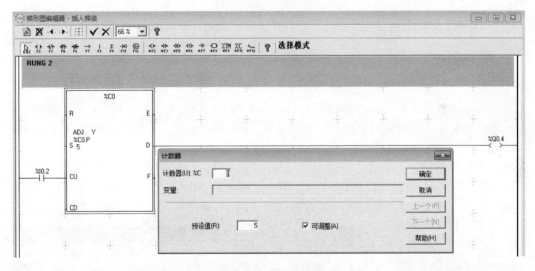

图 4-36　计数器配置

　　⑦ 同样的方法，编写第四行程序，此时在常开触点处输入%M1，用内部位来代替外部输入，保存修改。至此所有程序编写完毕，实现由改变内部位来打开灯的控制。内部位在和上位机通信时经常作为中间变量来使用，在上位机上通过通信可直接改变 PLC 内部位，以实现远程控制，如图 4-37 所示。

　　（2）连接及程序下载

　　① 单击"控制器"菜单中的"选择连接"，选中 USB 方式连接，之后单击"连接..."，弹出如图 4-38 所示的对话框，单击"PC=>控制器"按钮，即完成程序的下载（注意在连接前一定要安装连接电缆的驱动程序），如图 4-39 所示。

图 4-37　内部位配置

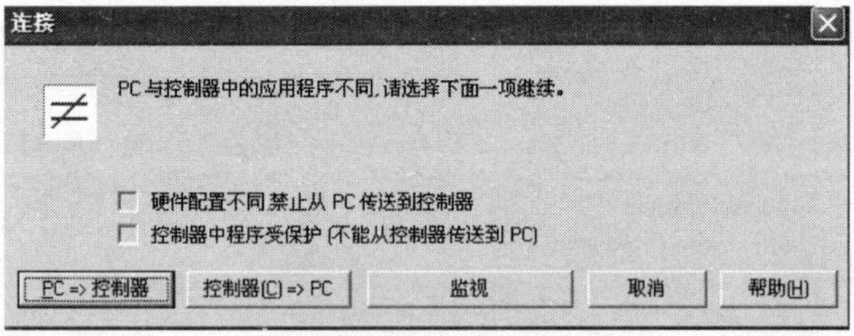

图 4-38　连接选择菜单

图 4-39　连接传送窗口

② 单击"运行"按钮，控制器将被启动，单击"切换动态显示"按钮，可以实时查看输入/输出的变化（注意此时在连接状态时不要关闭 PLC 电源，否则可能造成故障），如图 4-40 所示。

③ 程序运行后，可以通过按钮来发出输入信号，进行前三个灯的控制，通过内部位来控制的灯需要在动态数据表编辑器中来配置。如图 4-41 所示，在地址中输入%M1，在暂存值中输入 1，单击"写入"暂存值，则当前值也变为 1，此时给出一个开关量信号来打开灯。

图 4-40　程序运行控制工具条

图 4-41　动态数据表编辑器

④ 程序运行完毕后，可单击"停止"按钮来停止程序，单击"断开"按钮来断开连接。

4.3　运动控制器 LMC20

4.3.1　运动控制器 LMC20 硬件概述

运动控制器（Lexium Controller）通过现场总线执行轴同步和插补，适用于需要控制最多 8 个同步轴的应用领域。它包括以下标准运动控制功能：速度控制，相对定位和绝对定位，凸轮配置文件，用于速度和位置的电子传动功能，线性插补和圆弧插补（2D），通过外部编码器控制主轴，距离测量和位置捕获，适用于高速离散量输入（30ms）。其外观如图 4-42 所示。

本节以 LMC20 为例介绍运动控制器的基本功能和应用。LMC20 可通过 Modbus、CANopen、运动总线、以太网通信端口直接连接，可以很方便地集成到市场上通用的标准架构中。其他型号的功能及应用请参见相关使用手册。

LMC20 的硬件结构如图 4-43 所示。

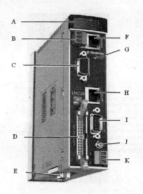

图 4-42　运动控制器外观　　　　　图 4-43　LMC20 的硬件结构

A—信号和诊断 LED；B—编码器电源；C—主轴编码器输入；D—逻辑 I/O 连接器；
E—CANopen 连接器（仅限 LMC 20）；F—以太网连接器（仅限 LMC 20）；G—复位按钮；
H—Modbus 或图形显示终端连接器；I—运动总线连接器；J—设备接地导体连接；K—24 V 电源端子

4.3.2　编程软件 CoDeSys

在软件方面，LMC20 的编程采用了符合 IEC61131-3 标准的 CoDeSys（Controller Development System）编程软件。CoDeSys 是全球最著名的软 PLC 内核软件研发厂家德国的 3S（SMART，SOFTWARE，SOLUTIONS）公司的一款与制造商无关的编程软件。

CoDeSys 是一个标准的软件平台，被很多硬件厂家支持，可编程超过 150 家 OEM 生产的自动装置，除了支持 PLC 编程，还支持总线接口、驱动设备（特别是伺服、数控）、显示设备、I/O 设备等的编程。施耐德电气在此基础上开发出了各种基本运动及典型运动的功能模块，方便使用，大大缩短了系统开发周期。

根据具体的要求，Lexium Controller 系列本身能够提供两种应用程序的开发模式：

① Easy Motion 模式：通过应用程序模板和集成的图形接口，能够配置运动控制功能。

② Motion Pro 模式：通过使用 IEC31161 标准语言，能够完成运动控制和自动化功能的配置和编程。下面以 Motion Pro 模式为例进行介绍。

1．如何建立新项目

（1）建立新项目

① 打开 Motion Pro 软件，选择新建项目，弹出的窗口中，选择"Lexium ControllerV01"，单击"OK"按钮，弹出如图 4-44 所示窗口。

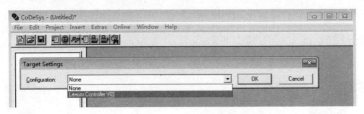

图 4-44　新建项目

② 在所有的选项卡中选择默认值，单击"OK"按钮，弹出如图 4-45 所示窗口。

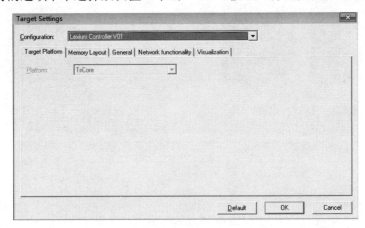

图 4-45　选择默认值

③ 输入程序名称，选择程序类型，以及程序语言（以最常使用的 CFC 语言为例），如图 4-46 所示。

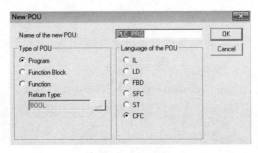

图 4-46　输入程序名称

（2）库文件的导入

在编辑程序之前，首先需要导入必要的库文件，如图 4-47 所示，在"Resources"选项卡中，双击"Library Manager"，在空白处右键单击选择"Additional Library"，选择所需的库文件。最基本的库文件为"LMC_NEWSOFTMOTIONPROJIECT"，文件在目录"C:\Program Files\Schneider Electric\Motion Control\CoDeSys V2.3\Targets\Schneider Electric\Lexium Controller V0104\Library"下（以默认安装目录为例）。在用 LMC20 控制伺服驱动器或者变频器时，它们的功能模块放在了各自的库文件中，所以，也须导入相应的库文件，如图 4-47 所示。

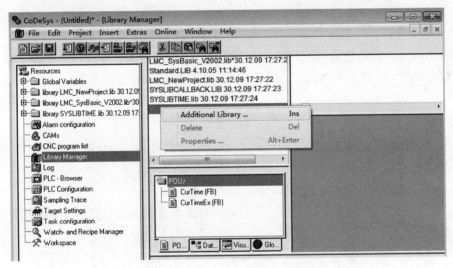

图 4-47 导入库文件

（3）PLC 配置

在"Resources"选项卡中的"PLC Configuration"中可以进行 PLC 的配置，具体的内容会在第 5 章"基于 LMC20 的 CANopen 总线和运动总线控制实现部分"进行详细介绍。

2. 程序的编写

（1）CoDeSys 程序结构

一个工程文件包含 PLC 程序里的所有对象：POUs（Program Organization Units）、数据类型、资源。POUs 包括主程序（PRG）、子程序（PRG）、功能块（FB）、函数（FUN）及语句。如图 4-48 所示，要注意的是，主程序必须命名为 PLC_PRG。

（2）变量说明

在工程文件中，按适用范围有两种类型的变量，全局变量（Global）、局部变量（Local）。全局变量存在于程序的任何区域，而局部变量只存在于子程序、函数和功能块中。全局变量的说明在"resource"的"global variable"中。

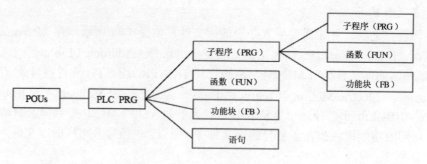

图 4-48　CoDeSys 程序的结构图

（3）程序语言

CoDeSys 是一种功能强大的 PLC 软件编程工具，它支持 IEC1131-3 标准 IL、ST、FBD、LD、SFC、CFC 六种 PLC 编程语言，可在同一项目中根据需要选择不同的语言编写子程序、功能模块等。

（4）基本编程

在上面建立的工程的基础上，可以用 CFC 语言进行编程（这种语言较为常用，在后面也会经常用到）。

1）插入功能块

① 双击 "POUs" 选项卡，在程序空白处，右键单击 "Box"，如图 4-49 所示。这时鼠标上会带有一个功能块，根据要求放在空白处合适的位置上。

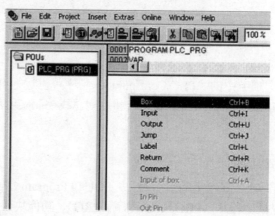

图 4-49　添加 Box

② 单击 "And"，按快捷键 "F2"，或选择 "Edit" 中的 "Input Assistant…"，如图 4-50 所示，弹出图 4-51 所示的窗口，在 "Structured" 前把打勾去掉，则显示如图 4-52 所示的窗口，在此窗口中选择所要求的功能块，并给功能块命名。

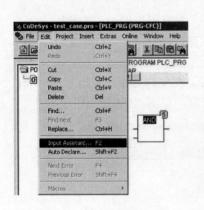

图 4-50 添加功能块（1）

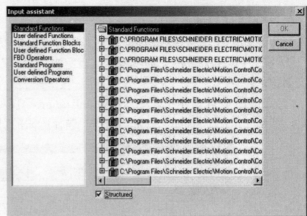

图 4-51 添加功能块（2）

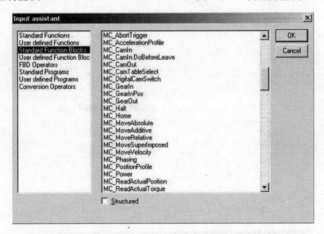

图 4-52 添加功能块（3）

2）给功能块加入输入/输出

选择完功能块之后，根据实际要求给功能块加入输入/输出，如图 4-53 所示。

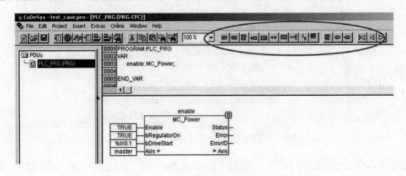

图 4-53 功能块加入输入/输出

3. 模拟人机界面

Motion Pro 的另一功能是能够进行人机界面的模拟，方便用户调试，步骤如下。

① 在"Visualizations"选项卡中，在空白处单击右键，选择"Add Object..."，输入自定义名称。

② 在如图 4-54 所示中，单击"Visualizations"图标，在空白处画出要添加的对象的区域后，弹出"Select Visualization"窗口，选择所需的对象，单击"OK"按钮。

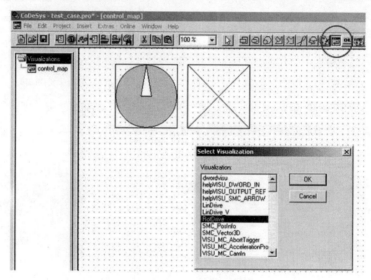

图 4-54　人机界面（1）

③ 双击画好的对象，弹出如图 4-55 所示的窗口，单击"Placeholder..."按钮。

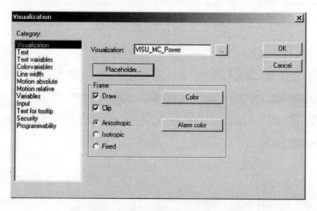

图 4-55　人机界面（2）

④ 在如图 4-56 所示的窗体中，单击"Replacement"下的框，按快捷键"F2"，选择程序中与之相对应的功能块，单击"OK"按钮完成。

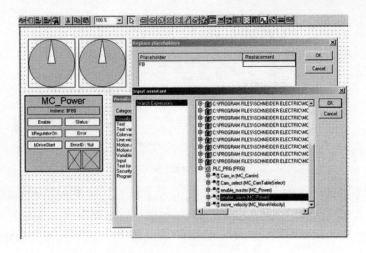

图 4-56　人机界面（3）

4．程序的编译、下载及调试

（1）程序的编译

程序编写完成后，必须对程序进行编译，在"Project"中，单击"Build"选项，或按快捷键 "F11"，如图 4-57 所示。

（2）通信参数的设置

① 在"Online"中选择"Communication Parameters"，弹出如图 4-58 所示的窗口。

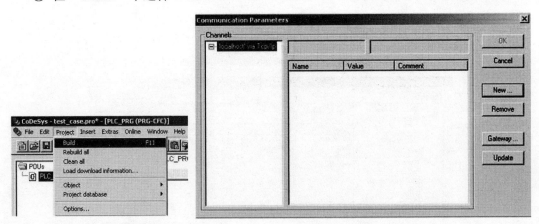

图 4-57　编译程序　　　　　　　　　　　图 4-58　通信参数设置

② 单击"New…"按钮，弹出如图 4-59 所示的窗口，如果用串行通信，选择"Serial[RS232]"，如果用以太网通信，则选择"TCP/IP[level2]"，单击"OK"按钮。

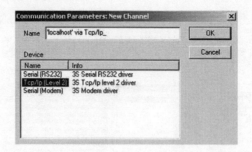

图 4-59　选择通信方式

③ 如果用串行通信，则在如图 4-60 所示的窗口中，设置波特率"Baudrate"，奇偶校验位"Parity"，以及停止位"Stop bits"的值；如果用以太网通信，则在图 4-61 所示的窗口中，设置地址"Address"，以及"Blocksize"值，单击"OK"按钮完成通信参数设置。

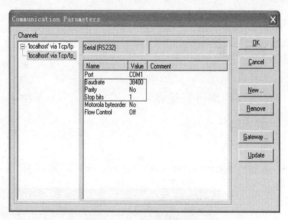

图 4-60　串行通信参数设置

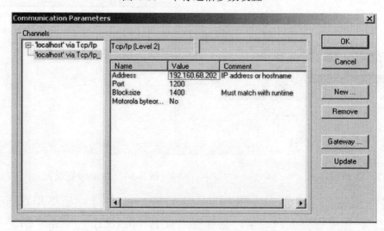

图 4-61　以太网通信参数设置

（3）程序下载

在"Online"中选择 "Login"进行程序下载。

（4）程序调试

程序下载完成后，单击"Online"中的"Run"，或按快捷键"F5"使程序运行，即可通过上文所述的模拟界面进行程序调试。

4.3.3　应用实例——机械臂控制模拟

1. 实验目的

① 学习掌握 CoDeSys 新项目和变量的建立；

② 学习掌握 CoDeSys 的 FBD，SFC 语言的编程；

③ 学习掌握 CoDeSys 模拟人机界面的建立与调试。

2. 实验要求

本实验模拟一个机器操作工正在监控一台运行的机器，正确的运行必须是在规定的时间间隔内完成，如果超过运行时间，那么 10s 之后就会产生一个警告，再过 5s 之后机器停止运行。

要求机器的动作是：手臂沿着一个矩形路径运动，每完成一周计数器加一。

3. 设计方案

在计算机上用 CoDeSys 语言编程，在其模拟人机界面上观察实验结果。

4. 实验步骤

（1）创建工程

打开 Motion Pro 软件，选择新建项目；在弹出的配置窗口中，选择"None"，单击"OK"按钮，如图 4-62 所示。

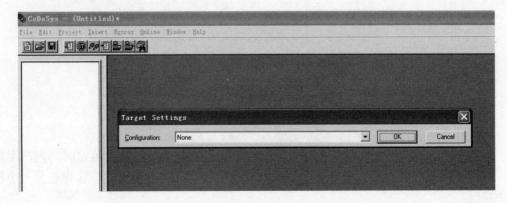

图 4-62　新建工程

输入程序名称，选择程序类型为主程序 Program，以及程序语言为 FBD（功能块图），并将其命名为 PLC_PRG，如图 4-63 所示。

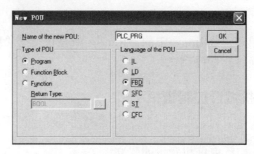

图 4-63　创建主程序

（2）库文件的导入

在编辑程序之前，首先需要导入必要的库文件。在"Resources"选项卡中，双击"Library Manager"，在空白处右键单击选择"Additional Library"，选择所需的库文件。需要导入的库文件为 Standard.LIB，如图 4-64 所示。

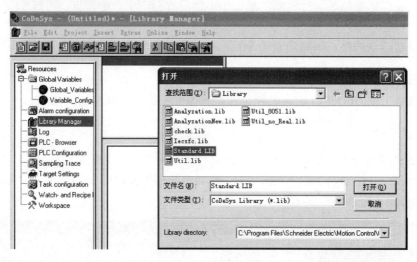

图 4-64　导入库文件

（3）PLC 配置

在此例中不需要进行 PLC 的配置。

（4）程序的编写

可以把本实验的任务分成两部分，一部分是如果观测到执行超过规定时间则产生报警，这将在主程序中完成；另一部分是控制机械臂的运动路径和方式，这将在另一个程序中实现。

1）主程序的编写

声明确认开关 Observer：

从确认开关开始，可以看到主程序中 PLC_PRG 第一个网络中有三个问号"???"，输入开关的名称（如 Observer），按右箭头键或回车键，弹出声明变量对话框，将其"类别"改为 VAR_GLOBAL（定义成全局变量）。如图 4-65 所示，单击"确认"按钮，文字将自动输入到全局变量对象中，如图 4-66 所示，可在"Resoures"里的"Global Variables"中进行查看。

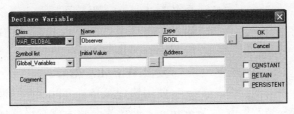

图 4-65　变量声明

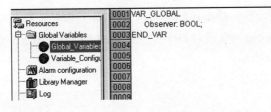

图 4-66　全局变量定义

确认开关的上升沿：

如果开关从关的状态（FALSE）变为开的状态（TRUE），称为上升沿，从开到关称为下降沿，从定义上升沿（FALSE 到 TRUE）开始。返回到 PLC_PRG POU，在 Observer 变量后单击鼠标，则出现一个小正方形，右击后插入 box，出现带有文字 AND 的模块，单击选中 AND 后，按 F2（输入助手）打开一个包含可选操作符的对话框，首先选择"标准功能块"项，然后选择 standard.lib 中的 R_TRIG（上升沿触发器），此时一个 R_TRIG 实例被创建，然后把出现在 R_TRIG 框上面的"???"改一个名称（如 trig-1）。在随后弹出的声明变量对话框中，在类别、名称、类型中输入 VAR（局部变量）、trig-1 和 R_TRIG，如图 4-67 所示，单击"OK"按钮后变量被写到此 POU 的声明部分。

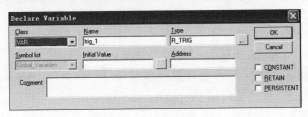

图 4-67　变量声明

确认开关的下降沿：

在功能块后单击出现小正方形，通过快捷菜单执行框命令，将 AND 改为 OR （逻辑或）；单击 OR 框的第二个输入插入 F_TRIG（下降沿触发器）框，声明实例名为 Trig2，单击 Trig2 功能块前的三个问号"???"，按 F2 键打开输入助手对话框，在全局变量选项中选择 Observer，如图 4-68 所示。

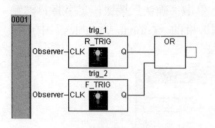

图 4-68　触发器编程

时间控制，第一部分：

在 OR 功能块后插入 TOF（延时闭合）功能块，命名为 Timer1，变量类型和上述的触发器一样，在 PT 输入端将三个"???"替换成"T#10s"（延时 10s，以后可以修改这个时间）。

发出 Warning 信息：

使用快捷菜单在 Timer-1 功能块的 Q 后面插入赋值（Assignment）。将"???"改为 Warning，在变量声明中将它设置成 VAR_GLOBAL 和 BOOL 类型。

为了使 Warning 正确执行，使用快捷菜单在 Warning 前插入取反命令，即右击后选择 Negate，它使布尔型变量的输出取反（TRUE 变为 FALSE 或 FALSE 变为 TRUE），取反用小圆圈表示，如图 4-69 所示。

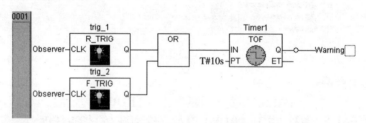

图 4-69　定时器编程

在超出第二个时间限制后设置停止信号：

用菜单命令插入→网络，在当前行后插入一个新网络。在这个网络中添加类型为 TON（延时打开功能块）的框，声明实例名为 Timer2。使用"F2"键将变量 Warning 分配给 TON 的 IN 输入端，然后将时间常量"T#5s"分配给 PT 输入端。

在 Timer2 功能块后面再次使用赋值命令，将 TON 的 Q 输出赋值到变量 Stop（全局类型的 Bool 变量），如图 4-70 所示。

2）机械臂运动程序的编写

在对象管理器（CoDeSys 界面左边区域）中的 POUs 选项页面下，单击鼠标右键执行添加对象命令新建一个 POU，命名为 Machine，类型为程序 Program，编程语言为 SFC（顺序功能图）。新建的 SFC 由步"Init"，转换

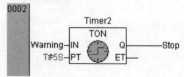

图 4-70　定时器编程

"Trans0"和跳转回"Init"组成。

定义机器的运动顺序：

机器操作的每阶段都需要一步，单击转换 Trans0 后，Trans0 四周出现一个矩形框，借助快捷菜单执行命令步—转换（插入在当前行后）。此命令执行 5 次，如果直接单击在步或转换的名称上，它们将用蓝色标记，可以改变它们的名称。在 Init 后面的步骤依次命名为 Go_Right，Go_Down，Go_Left，Go_Up 和 Count。

编写 Go_Right 步中的程序：

双击 Go_Right 步后弹出选择编程语言对话框，选择 ST （结构化文本）编程语言，单击"OK"按钮后弹出一个程序编辑窗口，如图 4-71 所示。

机器臂沿 X 方向。程序如下：X_pos := X_pos + 1;输入完成后按回车键，声明变量 X_pos 的类型为 INT（整型）。在步的右上角将出现一个小三角，它表明此步中有程序。编写后续步：

重复上面的步骤，声明变量 Y_pos 和 Counter 的类型为 INT。在 Go_Down 步中程序 Y_pos := Y_pos + 1;在 Go_Left 步中程序 X_pos := X_pos - 1;在 Go_Up 步中程序 Y_pos := Y_pos - 1;在 Count 步中程序 Counter := Counter + 1;。

编写转换条件：

转换条件是程序从一个阶段转到下一个阶段运行的条件。将 Init 后面的转换条件 Tran0 改为变量 Start。Start 变量的类别是 VAR_GLOBAL，类型是 BOOL。当 Start 开关按下时机器开始工作。

第二个转换条件为 X_Pos = 100，即当 x 位置达到 100 时转到下一个阶段运行；第三个转换条件为 Y_pos = 50；第四个转换条件为 X_pos = 0；第五个转换条件为 Y_pos = 0；第六个转换条件为 TRUE（一次循环结束后继续运行，表示程序循环运行），如图 4-72 所示。

在停止时的处理：

再返回到 PLC_PRG POU，然后插入第三个网络，用变量 Stop 替换"???"，通过快捷菜单插入返回命令 Rerun，当 Stop 为 TRUE 时，执行返回命令将退出 PLC_PRG POU。

调用 Machine POU：

添加一个新网络，使用快捷菜单插入一个框，按 F2 键打开输入助手对话框，在用户定义程序选项中选择 Machine POU，完整的程序如图 4-73 所示。

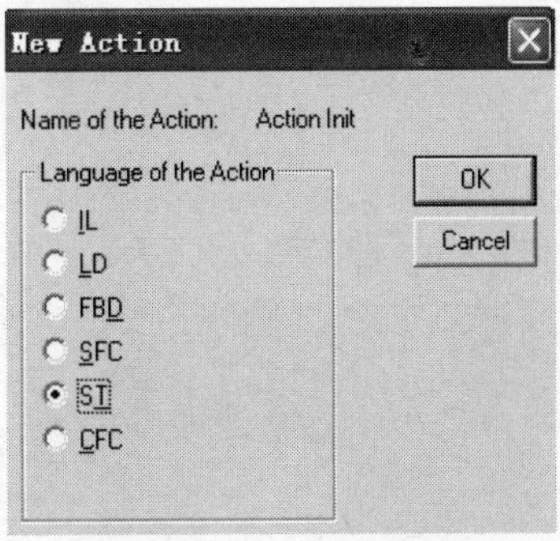

图 4-71　选择编程语言

编译生成工程：

使用菜单"工程→全部重新编译生成"或<F11>功能键编译工程。编译生成后在信息窗口的右下角显示 0 错误 0 警告，如果有错误，根据错误提示修改错误。

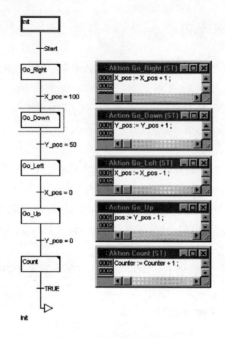

图 4-72 机械臂运动程序

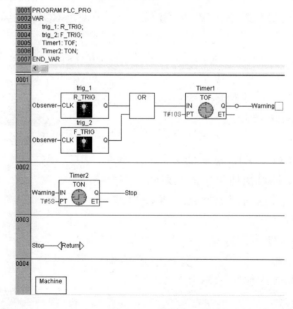

图 4-73 主程序

3) 可视化界面的建立

创建可视化界面:

选择对象管理器中左下角第三个(从左边数)页面"可视化界面",创建可视化对象,右击"Visualizations",单击"Add Objects",在弹出的对话框中为可视化界面命名,如命名为 Observation。可以单击页面右上方的按钮来添加矩形、圆形等图形,添加按钮如图 4-74 所示,也可以在界面上添加矩形和圆形来画出本例的可视化界面,如图 4-75 所示。

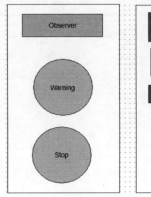
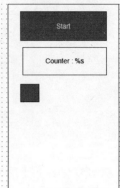

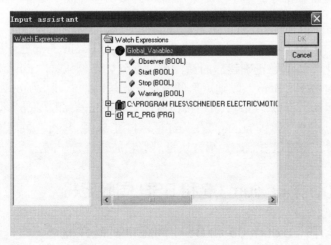

图 4-74 可视化对象工具条　　　　　　　图 4-75 完成的可视化界面

下面要让每个按钮与相应的变量对应起来,首先设置左上角的矩形框,使其对应全局变量 observer。双击右上方的矩形框,在目录 Category 下选择"text",在右边的"Context"中输入"observer"。然后在"Category"下选择"color",单击右边"color"下的"inside",选择"青色",再单击"alarm"下的"inside",选择"红色"。最后也要将变量 observer 与该矩形框联系起来,在 Category 下的"Input"中勾选"Toggle Variables",左击后面的空白框,按"F2",选择"Global Variables"中的"Observer",如图 4-76 所示。

图 4-76 变量配置

然后在 Category 下的"Variables",右侧的"Change color"中也要做同样的操作,如图 4-77 所示。

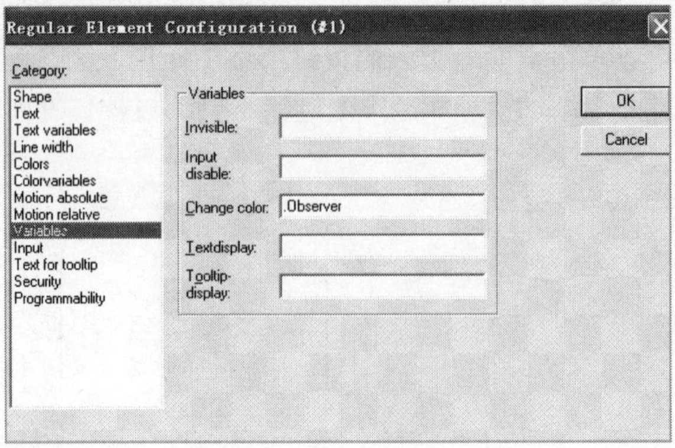

图 4-77　变量配置

对可视化界面上的其他框，也可以将变量 warning，stop，start 分别与其对应，配置方法类似于变量 observer。

配置计数器变量 Machine.counter 和上面的变量有所不同。

双击"counter"变量所对应的框，在右侧的"Category"中选择"text"，在右侧的"Contents"中输入"Counter : %s"，然后选择"Category"中的"Variables"，将右侧的"Textdisplay"设为"Machine.Counter"。

最后为机械臂画一个蓝色的矩形，来表示它的运动，双击该矩形，在"Category"中的"Absolute movement"项中将"X-Offset"设为"Machine.X_pos"，并将"Y-Offset"设为"Machine.Y_pos"。

这样可视化界面就建立完毕了。

（5）运行程序

在"Online"中选择"Simulation Mode"，再单击"Login→run"，程序就开始运行，如果程序和可视化界面都是正确建立的话，可以看到如下结果："run"之后"Warning"就变为红色，此时按下"Start"，则矩形的方块开始运动，5s 后"stop"也变为红色，同时矩形方块停止运动。再按"Observer"按钮后，"Warning"和"stop"同时变为灰色，矩形方块又开始运动，10s 后"Warning"变为红色，再过 5s 后"stop"同时变为红色，矩形方块停止运动。同时，也可以看到，矩形方块每沿着它的轨迹转一圈，"counter"值就加 1。

4.4　伺服驱动器 Lexium 05 和 BSH 伺服电机

4.4.1　伺服驱动器 Lexium 05 和 BSH 伺服电机硬件概述

1．BSH 交流伺服电机

高动态同步交流伺服电机为永磁同步电机，专为高动态定位任务设计。本节以 BSH 交流伺服电机为例进行介绍，具有以下特性：高可靠性、过载保护（通过电机温度监视）、高工作特性、高动态、高过载能力、大转矩范围等。BSH 伺服电机的外观及连接方式如图 4-78所示。

电气连接： BSH 伺服电机有两个插头，一个是电源、抱闸插头，另外一个是编码器、温度插头，分别采用专用电缆进行连接。

电源，抱闸插头　　编码器，温度插头

图 4-78　BSH 伺服电机外观及连接方式

图 4-79　Lexium 05 外观

2. 伺服驱动器 Lexium 05 硬件概述

Lexium 05A 是一种通用型 AC 伺服驱动装置。通常由一个上级 PLC 控制系统（如 Twido，Premium）来设定、监控给定值，与所选用施耐德电气的伺服电机组合使用，即可形成极为紧凑、性能强大的驱动系统。正面安装有带显示器和操作按键的输入装置（HMI—人机界面），可用来进行参数设置。其外观如图 4-79 所示。

Lexium 05 驱动器功率范围为 0.4～6kW，它内置了 EMC 滤波器，掉电安全功能，CANopen 和 Modbus RTU。多种接口允许通过非常多的操作模式控制驱动器，其硬件结构如图 4-80 所示。

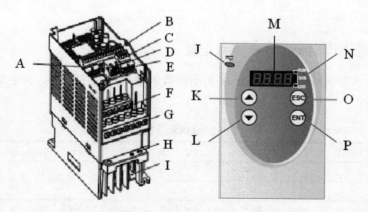

图 4-80　Lexium 05 硬件结构

A—12 极插座 CN2，用于电机编码器（SinCos-Hiperface 传感器）。

B—输入/输出信号接线端子 CN1（压簧端子）。在转速控制和电流控制（转矩控制）运行模式中有两个±10V 模拟给定值输入端；8 个数字输入端/输出端，配置取决于所选择的运行模式。

C—接线端子 CN3，用于 24V 电源供应。

D—RJ-45 插座 CN4，用于连接现场总线 Modbus 或者 CANopen；安装有软件"PowerSuite"的 PC；分布式操作终端。

E—10 极插座 CN5，用于在转速控制和电流控制运行模式中，通过 A/B 编码器信号，将电机实际位置反馈给某个上级位置控制器（如配有运动控制卡的 PLC）；在电子齿轮箱运行模式中馈入脉冲/方向信号或者 A/B 编码器信号。

F—连接电源用的接线螺钉。

G—连接电机和外接制动电阻的接线螺钉。

H—EMC 安装板用的角钢。

I—散热体。

J—红色 LED 发光时表示直流母线欠压。

K—向上箭头：切换到上一个菜单或者参数，增大所显示的值。

L—向下箭头：切换到下一个菜单或者参数，减小所显示的值。

M—状态显示。

N—LED：用于现场总线运行状态的发光二极管。

O—ESC：退出菜单或者参数，从所显示的值返回到上一次保存的值。

P—ENT：调用菜单或者参数，将所显示的值保存在 EEPROM 中。

Lexium 05 驱动器和 BSH 电机的组合提供较新的运动控制解决方案，可以有两种控制模式：本地控制模式和网络控制模式。

本地控制模式下，伺服驱动器参数可以通过集成显示终端，远程终端或 PowerSuite 软件定义。运动由模拟信号（+/–10 V）或 RS-422 形式信号（脉冲方向或 A/B 编码器信号）决定。这种模式下，行程开关和原点传感器输入不由伺服驱动器管理。网络控制模式下，整台伺服驱动器启动参数和与操作模式有关的参数可以通过网络访问，也可以通过集成显示终端和 PowerSuite 软件定义。

4.4.2　伺服驱动器 Lexium 05 参数配置

表 4-14 所示为 HMI 指示器上用来显示参数的字母和数字配置。仅字母 C 有大小写之分。

表 4-14　HMI 指示器显示参数

A	B	C	D	E	F	G	H	I	J	K	L	M	N	O	P	Q	R
A	b	cC	d	E	F	G	h	i	J	H	L	N	n	o	P	q	r
S	T	U	V	W	X	Y	Z	1	2	3	4	5	6	7	8	9	0
5	t	U	u	L	H	y	2	1	2	3	4	5	6	7	8	9	0

HMI 以菜单导航方式工作，结构如图 4-81 所示。

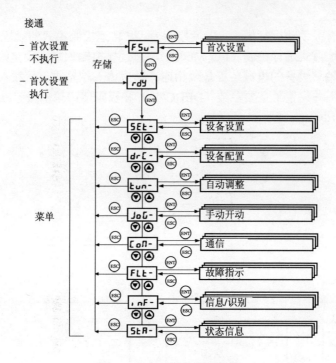

图 4-81　HMI 导航菜单结构

第一次使用 Lexium 05 驱动器时，必须把它切换到 FSU 状态。需要执行一次 First Setup 操作以配置驱动器用于需求的使用（注意：如果选择现场总线，需要配置地址和通信速率，尽管这些设置没有包含在 First Setup 中）。可以使用 Power Suite 组态软件或者 HMI 完成初始设定，使用 Power Suite 可参见相应的使用说明。图 4-82 所示为 HMI 初始配置的操作流程。

4.4.3　应用实例——本地控制方式的实现

1. 实验目的

① 学习掌握 Lexium 05 伺服驱动器与 BSH 交流伺服电机的硬件连接；

② 学习掌握 Lexium 05 伺服驱动器的基本配置；

③ 学习掌握 HMI 本地控制方式的实现。

2. 实验要求

通过本地控制方式实现电机的基本控制，具体如下：

① 手动方式下实现正转、反转、低速、高速控制；

② 实现电流控制；

③ 实现转速控制。

3．实验步骤

以下示例是有关手动运行模式、电流控制模式、转速控制模式的设置，在 HMI 上进行参数设置，以本地方式进行控制（I/O Mode），通过模拟输入端来设定给定值。实验进行前要确定：电机轴与设备的机械装置是否相连；模拟输入端是否已接线；已在调试过程中进行"首次设置"并设置了主要参数（DEUC/ io）和极限值；输出级已准备就绪，即 HMI 上的状态指示为 rdy。

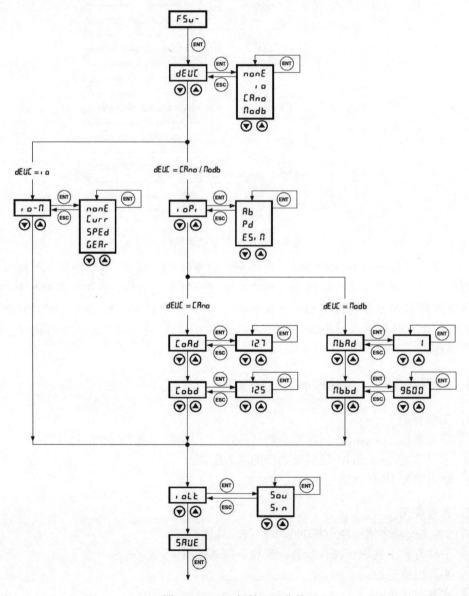

图 4-82　HMI 初始配置菜单

（1）手动运行模式

通过本地手动方式使电机运转某一单位行程或者以恒定速度连续运转。可以对单位行程长度、速度等级和连续运动过程中的转换时间进行设置。当前轴位置即为手动运行模式的起始位置。以应用单位输入位置值和速度值。

通过调用 jog- / strt 来激活输出级并给电机加电。按下"向上箭头"或者"向下箭头"键即可使电机转动。同时按下 ENT 键即可在慢速和快速运行之间来回切换。通过设置 jog- / nslw 与 jog- / nflw 设定慢速与快速运行模式下的转速值。以慢速 60r/min 及快速 180r/min 为例，操作菜单如图 4-83 所示。

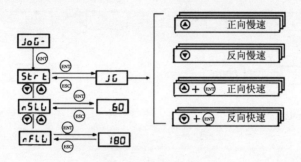

图 4-83　手动运行方式菜单

（2）电流控制

① 将默认运行模式设定为电流控制。为此要在 DRC- / io-m 项下选 CURR。

② 应通过 ANA1+ 设定给定电流，当电压为 10V 时，给定电流为 200mA 。为此要在 set- / a1is 项下选择数值 0.20。

③ 通过 ANA2+ 来限制电机转速。为此要在 DRC- / A2mo 项下选择 SPED。

④ 当电压为 10V 时，电机转速极限值应为 6000r/min。为此要在 DRC- / A2nm 项下选择数值 6000。

⑤ 检查转速限制。启动电机（输入信号 ENABLE），将 ANA1+ 设定为最大，然后使用 ANA2+ 进行限制。在 sta- / naCt 项下查看转速值。

⑥ 检查当前电流值。为此要在 sta- / iaCt 项下查看数值。

菜单配置如图 4-84 所示。

（3）转速控制

① 将默认运行模式设定为转速控制。为此要在 DRC- / io-m 项下选择 Sped。

② 应通过 ANA1+来设定电机转速，当电压为 10V 时，转速为 1500r/min。为此要在 set- / a1ns 项下选择数值 1500。

③ 通过 ANA2+来限制电机电流。为此要在 DRC- / A2mo 项下选择 Curr。

④ 当电压为 10V 时电机电流的限值应为 0.5A。为此要在 DRC- / A2im 项下选择数 5.00。

⑤ 检查电流限制。启动电机（输入信号 ENABLE），将 ANA1+设定为最大，然后使

用 ANA2+ 进行限制，在 sta- / iaCt 项下查看电流值。

⑥ 检查当前转速。为此要在 sta- / naCt 项下查看数值。

菜单配置如图 4-85 所示。

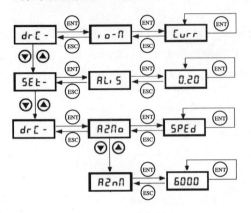

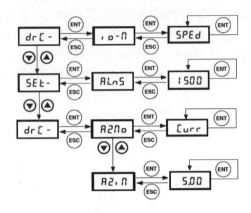

图 4-84　电流控制菜单　　　　　　　　图 4-85　转速控制菜单

4.5　变频器 ATV71

4.5.1　变频器 ATV71 硬件概述

1. 变频器 ATV71 硬件结构

ATV71 变频器功率范围为 0.37～500kW，专为工业应用领域设计，适用于恒转矩应用场合，ATV71 变频器继承了针对不同电机控制类型的专用功能，其专业功能包括完美的抱闸控制逻辑，制动状态反馈，基于限位开关的管理的定位，高速提升和称重功能，直流母线连接，电动电位器与围绕给定的电动电位器。ATV71 外观如图 4-86 所示。

图 4-86　ATV71 外观

ATV71 变频器的硬件结构如图 4-87 所示。

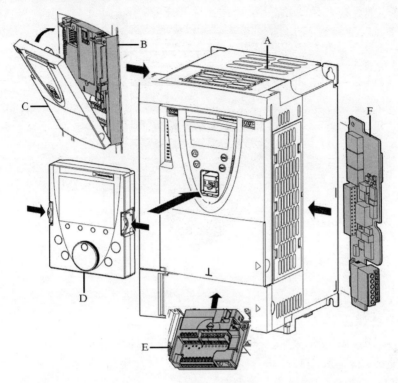

图 4-87　ATV71 硬件结构

A—散热器外置安装套件；B—选项卡；C—控制面板；D—图形显示终端；E—功率端子；F—编码器接口卡

　　ATV71 变频器标配有 Modbus 和 CANopen 总线通信端口，可以集成于主流工业通信网络，如 Ethernet TCP/IP，Fipio，Modbus/Unitelway，Modbus Plus，ProfiBus DP，Device Net。ATV71 变频器本体上有两个 RJ-45 口，其中，前面板上的 RJ-45 连接器可用于 Modbus 通信、图形显示终端或 Powersuite，另一个 RJ-45 口适用于 CANopen 和 Modbus 通信。

　　选件卡可扩展输入/输出和编程能力，满足复杂应用场合，ATV71 主要有输入/输出扩展卡、通信卡、编码器接口卡、Controller Inside 可编程卡 4 类，能同时安装包括 1 编码器卡在内的 3 块选件卡。

2. 图形显示终端

　　ATV71 有两种操作面板，分别为集成显示终端和图形显示终端。按照 ATV71 变频器的输出功率大小来分，≤75kW 的 ATV71 变频器标准配置为集成显示终端，图形显示终端为可选件；>75kW 的 ATV71 变频器标准配置为图形显示终端，无集成显示终端。

（1）图形显示终端（图4-88）

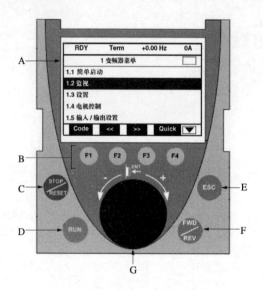

图4-88　图形显示终端结构

图中部件介绍如下：

A—主显示窗口，显示菜单、子菜单、参数、值、柱状图等。

B—功能键 F1，F2，F3，F4。

C—STOP/RESET（停车/复位）按钮。

D—RUN （运行）按钮。

E—ESC 按钮：放弃一个值、一个参数或一个菜单，返回以前的选择。

F—用于使电机旋转反向的按钮。

G—导航兼回车键按钮，按（ENT）：保存当前值，进入所选菜单或参数；顺时针/逆时针转动：增大或减小一个值，转到下一行或前一行，增大或减小给定值。

（2）主显示屏窗口（图4-89）

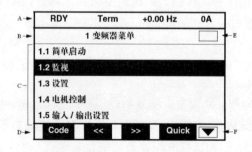

图4-89　主显示屏窗口菜单结构

图中部件介绍如下：

A—显示行：可对其内容进行设置，在出厂设置模式下显示变频器状态；有效控制通道（Term-端子、HMI-图形显示终端、MDB-集成 Modbus 总线、CAN-集成 CANopen 总线、NET-通信卡、APP-Controller Inside 卡）；频率给定值；电机内的电流。

B—菜单行：显示当前菜单或子菜单的名称。

C—菜单、子菜单、参数、值、柱状图等在下拉窗口中显示，每个窗口最多显示 5 行。导航按钮所选的行或值反白显示。

D—显示分配给图 4-88 中键 F1～F4 的功能，与这 4 个键上下对应。

Code– F1：显示所选参数的代码，即对应 7 段显示的代码。

<< –F2：水平向左导航，或进入上级菜单/子菜单，或对于一个数值，转到上一位数上，反白显示。

>> – F3：水平向右导航，或进入下一个菜单/子菜单（在此示例中进入[2 访问等级] 菜单），或对于一个值，转到下一位数上，反白显示。

Quick–F4 ：快速导航。

E—指示在此显示窗口之上有没有其他层。

F—指示在此显示窗口之下有没有其他层。

（3）主菜单的内容

【1 变频器菜单】：具体"（4）变频器菜单的内容"。

【2 访问等级】：定义要访问哪些菜单（复杂性等级）。

【3 打开/另存为】：用于保存与恢复变频器设置文件。

【4 密码】：对设置进行密码保护。

【5 语言】：选择语言。

【6 监视设置】：定制在运行期间要在图形显示终端上显示的信息。

【7 显示设置】：定制参数，创建用户定制菜单，定制菜单与参数的可见性与保护机制。

（4）变频器菜单的内容

【1.1 简单启动】：快速启动的简化菜单。

【1.2 监视】：显示电流、电机与输入/输出值。

【1.3 设置】：调整参数，在运行期间可修改。

【1.4 电机控制】：电机参数（电机铭牌、自整定、开关频率、控制算法等）。

【1.5 输入/输出设置】：I/O 设置（缩放比例、滤波、2 线控制、3 线控制等）。

【1.6 命令】：命令与给定通道的设置（图形显示终端、端子、总线等）。

【1.7 应用功能】：应用功能设置（预置速度、PID、制动逻辑控制等）。

【1.8 故障管理】：故障管理设置。

【1.9 通信】：通信参数（现场总线）。

【1.10 诊断】：电机/变频器诊断。

【1.11 软硬件识别】：变频器与内部可选件的识别。

【1.12 出厂设置】：访问设置文件并返回出厂设置。

【1.13 用户菜单】：用户在【7 显示设置】菜单中创建的特定菜单。

【1.14 可编程卡】：内置控制器卡的设置。

（5）变频器状态代码

ACC：加速。

CLI：电流限幅。

CTL：输入缺相时受控停车。

DCB：直流注入制动进行中。

DEC：减速。

FLU：电机正在励磁。

FST：快速停车。

NLP：无主电源（L1，L2，L3 上无主电源）。

NST：自由停车。

OBR：自适应减速。

PRA：断电功能有效（变频器被锁定）。

RDY：变频器已准备好。

SOC：运行中输出断开。

TUN：运行中自整定。

USA：欠压报警。

4.5.2 变频器 ATV71 的参数配置

1．第一次通电

变频器第一次通电时，用户会被自动导入菜单【1 变频器菜单】。在电机启动之前，必须对【1.1 简单启动】子菜单中的参数进行设置，并执行自整定功能，如图 4-90～图 4-94 所示。

2．变频器配置与调试

变频器的调试一般需要经过三个部分，即回到出厂设置、快速调试、功能调试。在此仅介绍出厂设置和快速调试，复杂的功能调试部分请参考相关资料。

图 4-90　通电后显示 3s 界面

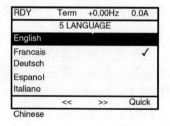

图 4-91　3s 后自动转到【5 语言选择】菜单，选择中文并按 ENT

```
RDY        Term    +0.00Hz    0.0A
            2 访问等级
基本权限
标准权限                              ✓
高级图形
专家权限

            <<        >>      Quick
```

图 4-92 转到【2 访问等级菜单】选择访问等级并按 ENT

```
RDY        Term    +0.00Hz    0.0A
            1 变频器菜单
1.1 简单启动
1.2. 监视
1.3. 设置
1.4. 电机控制
1.5. 输入 / 输出设置
Code        <<        >>      Quick
```

图 4-93 转到【1 变频器菜单】

（1）回到出厂设置

变频器出厂前，一般都会预置一些参数用来简化调试人员的工作，出厂设置菜单主要是为了方便用户能够快捷的恢复到变频器的出厂设置，并且可以保存参数。一般在变频器参数出现设置混乱的时候，需要对变频器的参数进行参数复位。

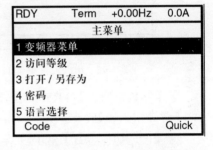

```
RDY        Term    +0.00Hz    0.0A
            主菜单
1 变频器菜单
2 访问等级
3 打开 / 另存为
4 密码
5 语言选择
Code                          Quick
```

图 4-94 按 ESC 返回【主菜单】

ATV71 的出厂设置用于最常见的工作条件：

- 宏配置：启动/停车。
- 电机频率：50 Hz。
- 带有无传感器磁通矢量控制的恒转矩应用。
- 斜坡减速的正常停车模式。
- 出现故障时的停车模式：自由停车。
- 线性、加速与减速斜坡：3s。
- 低速：0Hz。
- 高速：50Hz。
- 电机热电流=变频器额定电流。
- 静止注入制动电流= $0.7 \times$ 变频器额定电流，持续 0.5s。
- 出现故障后不自动启动。
- 开关频率为 2.5kHz 或 4kHz，由变频器额定值决定。
- 逻辑输入：
  — LI1：正向（1 个运行方向），转换时 2 线控制；
  — LI2，LI3，LI4，LI5，LI6：未激活（未被赋值）。
- 模拟输入：
  — AI1： 速度给定值 0～+/−10V；
  — AI2： 0～20mA 未激活（未被赋值）。
- 继电器 R1：出现故障（或变频器断电）时触点打开。
- 继电器 R2：未激活（未被赋值）。
- 模拟输出 AO1：0～20mA 未激活（未被赋值）。

典型操作步骤如下：

①【1.12 出厂设置】（FCS）共包含 4 个子菜单，旋转导航键可以选择出厂设置下的 4 个子菜单，即设置源选择，参数组列表出厂设置和保存设置，如图 4-95 所示。

②【设置源选择】（FCSI）：选择需要被替换的菜单如图 4-96 所示。

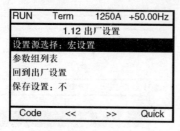

图 4-95　出厂设置子菜单

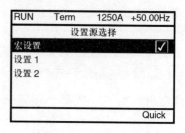

图 4-96　设置源选择

③【参数组列表】（FRY）：选择需要被替换的菜单，在出厂设置中及返回"出厂设置"后，【参数组列表】会被清空。如图 4-97 所示，至少选择其中一项才能回到出厂设置功能。

④【回到出厂设置】（GFS）如图 4-98 所示，按 ENT 键，完成恢复出厂设置。如果没有任何参数选择会出现图 4-99 所示的菜单。

⑤【保存设置】（SCS）：保存当前设置。在保存设置菜单下，选择第一项【保存设置 0】则被保存的参数设置将不会出现，只有选择的当前设置为【保存设置 1】与【保存设置 2】才能成功保存。保存设置子菜单如图 4-100 所示。

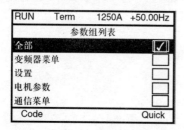

图 4-97　参数组列表清空

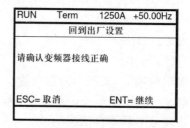

图 4-98　出厂设置（1）

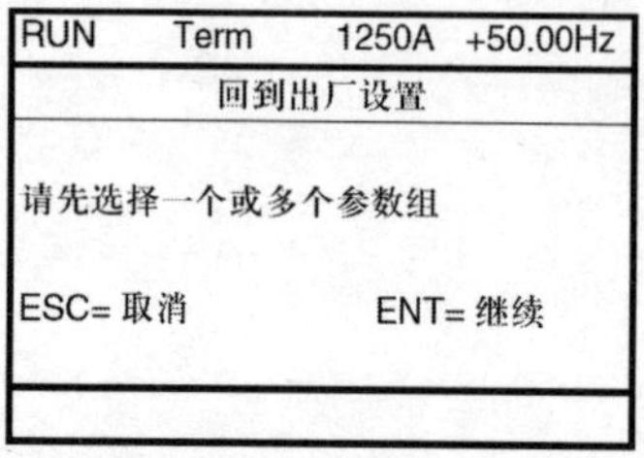

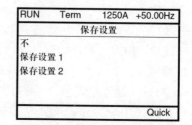

图 4-99　出厂设置（2）

图 4-100　保存设置子菜单

（2）快速调试

快速调试是在变频器中输入电机相关的参数和一些基本的驱动控制参数，使变频器可以良好地驱动电机运转。在工程应用中，更换电机或参数复位后，都要进行快速调试操作，快速调试包含以下几个步骤。

1）修改用户访问等级到专家权限

在【2 访问等级】中将权限改为专家权限。

2）修改 2/3 控制

变频器的启动可以选择 2 线制和 3 线制控制，出厂设置为 2 线制。

在【1.1 简单启动】的菜单中的【2/3 控制】修改此参数，需要按住 ENT 键 2s 使新设置生效。2 线制、3 线制接线如图 4-101、图 4-102 所示。

2 线控制：控制启动或停车的输入状态（0 或 1）或上升/下降沿（0～1 或 1～0）。LI1：正向，LIx：反向。

3 线控制（脉冲控制）：对于启动命令，"正向"或"反向"脉冲已经足够；对于停车命令，"停车"脉冲已经足够。LI1：停车；LI2：正向；LIx：反向。

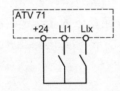

图 4-101　2 线制接线图

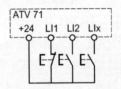

图 4-102　3 线制接线图

3）选择宏设置

变频器的宏设置参数针对特定的应用场合提供了典型的配置，这样用户可以根据自己的需求来选择宏，以减少修改参数的工作量。

在【1.1 简单启动】菜单中的【宏设置】里可修改此参数，修改后需要按住 ENT 键 2s 使新设置生效。

4）输入标准电机频率和电机铭牌数据

在启动变频器前应该在【1.1 简单启动】菜单下修改标准电机频率和电机参数，电机参数由铭牌数据读出。

5）自整定

自整定参数用来进行电机参数的在线辨识，在自整定期间，电机会通以额定电流，但不会旋转。在【1.1 简单启动】菜单中的【自整定】子菜单里可以对自整定进行参数修改。

6）最大输出频率

在【1.1 简单启动】菜单中的【最大输出频率】里可以修改此参数。

7）高低速频率

在【1.1 简单启动】菜单中的【高速频率】和【低速频率】子菜单里修改这两个参数。

8）热保护电流

变频器可以通过【热保护电流】的参数和内部的电机热状态的计算实现对电机的间接热保护，为保证变频器电机热状态计算的准确，必须将热保护整定电流设到电机铭牌指示的额定电流。在【1.1 简单启动】菜单中的【热保护电流】子菜单里修改该参数。

9）加减速设置

变频器的加速时间，是指频率从 0Hz 上升到电机额度频率所需要的时间。加速时间的设置需要考虑电机拖动负载的惯量，如果惯量比较大，则加速时间应适当设置得长一些。

变频器的减速时间，是指频率从电机额度频率下降到 0Hz 所需要的时间。频率下降时，电机处于再生制动状态，对于惯性较大的负载，如果减速时间设置过短，会因电机拖动的负载的动能释放得太快而引起直流回路的过电压，具体要根据现场需求进行配置。

在【1.1 简单启动】菜单中的【加速时间】和【减速时间】子菜单里修改这两个参数。

10）选择启停方式和速度给定方式

命令通道是指通过何种方式启动和停止变频器，例如，通过 LI1 启动变频器，那么端子就是命令通道。给定通道是指通过何种方式调节变频器的速度给定，例如，通过图形终端调节速度，那么图形终端就是给定通道。

在【1.6 命令】菜单中的给定通道和【1.7 应用功能】菜单下的【给定切换】来设置命令通道和给定通道。变频器提供有 AI1 给定、AI2 给定、图形终端、Modbus、CANopen、通信卡、编码器给定 7 种方式。同时变频器提供兼容 ATV58、组合通道、隔离通道、I/O 模式 4 种组合模式，一般默认选择组合通道模式。

11）选择电机控制类型

在【1.4 电机控制】菜单中的【电机控制类型】中来进行选择。ATV71 变频器支持的电机控制类型有：开环电压磁通矢量控制模式 SVC U、开环电流磁通矢量控制模式 SVC I、FVC 闭环电流矢量控制模式、压频比模式、同步电机模式。

12）模拟输入/输出的调整

在【1.5 输入输出设置】菜单中进行设置。注意 AI1 只能接入电压信号不能接电流信号，电压信号类型可接两种：0～10V 和+/–10V 输入，出厂设置为 0～10V。AI2 既可接电压信号又能接电流信号，出厂设置的量程为 0～20mA。

13）改变电机旋转方向

在【1.1 简单启动】菜单中的【改变输出相序】里进行修改。

以上是快速调试典型的 13 个步骤，按顺序设置后即可正常启动电机了，该流程能满足大多数变频器应用场合。

4.5.3 应用实例——电机的变频启动

1. 实验目的

① 学习掌握变频器 ATV71 的硬件结构和连线；

② 学习掌握变频器 ATV71 的图形显示终端的基本使用；

③ 学习掌握变频器 ATV71 典型参数设置。

2．实验要求

① 在组合通道模式下，使用模拟输入 AI1 和端子控制实现异步电机的运转；

② 在组合通道模式下，使用图形显示终端实现异步电机的运转。

3．设计方案

本实验采用三相鼠笼式异步电机，根据电机铭牌数据和实验要求设计参数，见表 4-15。

表 4-15　电机参数表

序　号	参数名称	参　数　值
1	2/3 线控制	2 线控制
2	宏设置	标准启/停
3	标准电机频率	50Hz
4	额定功率	1.1kW
5	额定电流	2.8A
6	额定电压	400V
7	额定转速	1400r/min
8	最大输出频率	60Hz
9	低速频率	0Hz
10	高速频率	50Hz
11	热保护电流	变频器额定电流
12	加速时间	3s
13	减速时间	3s
14	给定通道	给定 1 通道
15	电机控制类型	SVC U
16	逻辑输入	LI1 正向，LI2 反向
17	模拟输入	AI1 速度给定值 0～10 V
18	给定切换	给定 1 通道有效

其中，模拟输入通过电位器和 10V 电压信号来控制。

4．实验步骤

（1）变频器和电机硬件接线。

（2）参见 4.5.2 节中"变频器参数配置"相应部分，使变频器回到出厂设置。

（3）参见 4.5.2 节中"变频器参数配置"相应部分和本实验设计方案，通过图形显示终端配置参数。

以下列举出比较关键的几处配置：

① 修改用户访问等级到专家权限，如图 4-103 所示。

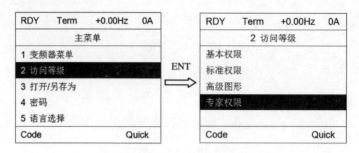

图 4-103　访问等级修改步骤

② 修改 2/3 控制，如图 4-104 所示。

③ 输入标准电机频率、电机铭牌数据、最大输出频率、高低速频率、热保护电流、加减速时间等参数，如图 4-105 所示。

图 4-104　2/3 控制方式修改步骤

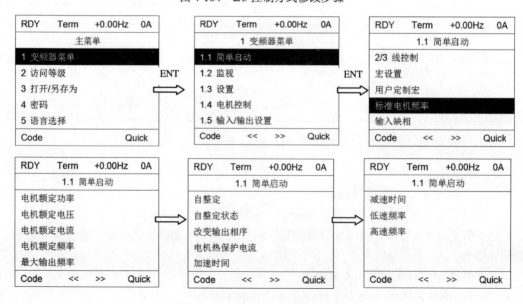

图 4-105　电机额定参数修改步骤

④ 选择启停方式和速度给定方式，如图 4-106 所示。

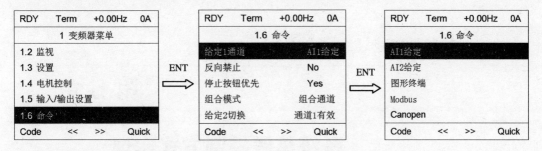

图 4-106 给定通道修改步骤

（4）组合模式选择组合通道，给定 1 通道选择 AI1，通过调节电位器来调节输入频率，通过控制 LI1 实现电机正转、LI2 实现电机反转。

（5）组合模式选择组合通道，给定 1 通道选择图形显示终端，通过调节图形显示终端的导航按钮来调节输入频率，通过电机图形显示终端面板上的 RUN 和 STOP 按钮来实现电机的控制。

小　　结

本章详细介绍了施耐德电气几种比较典型的运动控制平台设备，主要包括人机界面 XBT GT2330、可编程控制器 TWDLCAE40DRF、运动控制器 LMC20、伺服驱动器 Lexium 05、BSH 伺服电机，以及变频器 ATV71。每种设备主要介绍了其硬件参数、编程配置软件、参数设置，以及典型简单应用实例，以便于掌握每种设备的典型使用和入门操作。

第 5 章

系统总线控制方式实现

5.1 基于 Twido PLC 和 Lexium 05 的总线控制

5.1.1 Modbus 总线控制方式的实现

1. Modbus 总线通信的硬件连接

（1）伺服驱动器上的连接

Modbus 总线对应伺服驱动器的连接（4 RS-485+/5 RS-485+/8 GND）如图 5-1 所示，连接针脚定义见表 5-1。

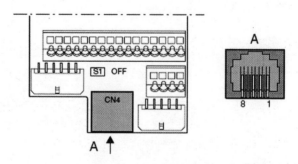

图 5-1　Modbus 总线对应伺服驱动器的连接

表 5-1　Modbus 总线对应伺服驱动器的连接

针　　脚	信　　号	含　　义	输入/输出
4	MOD_D1	双向发送信号/接收信号	RS-485 电平

续表

针　脚	信　号	含　义	输入/输出
5	MOD_D0	双向发送信号/接收信号反向	RS-485 电平
7	MOD+10V_OUT	10V 电源，最大电流 150mA	输出
8	MOD_0V	相对于 MOD+10V_OUT 的基准电压	输出

（2）PLC 上的连接

本书采用 TWDNAC458T 模块进行 Modbus 总线连接，连接方式如图 5-2 所示。

图 5-2　Modbus 总线与 Twido PLC 的连接

图中部件介绍如下：

A：串行口。用于添加一个可选 RS-485 或 RS-232 串行口。

B：连接器。用于连接到 Twido PLC。

2. Modbus 总线通信的参数设置

采用 Modbus 通信，需要设置的参数见表 5-2。

表 5-2　Modbus 通信参数

参数路径	参数说明	参　数　值	功能描述
FSU-dEVC	设置控制方式	Modb	采用 Modbus 总线控制
FSU/CON-MbAd	设置 Modbus 地址	2	范围 1～247
FSU/CON-Mbbd	设置 Modbus 波特率	19200	9.6～9600b/s； 19.2～19200 b/s； 38.4～38400 b/s
CON-Mbfo	设置数据通信格式	8E1	8O1：8 个数据位，奇校验，1 个停止位； 8E1：8 个数据位，偶校验，1 个停止位； 8n1：8 个数据位，无校验，1 个停止位； 8n2：8 个数据位，无校验，2 个停止位
CON-MbWo	设置双字的传送顺序	Lowhigh	Highlow：先传送高字节； Lowhigh：先传送低字节

（1）伺服驱动器中的设置（使用 HMI 设置）

① 恢复出厂设置，如图 5-3 所示。

② 恢复出厂设置后，24V 控制电源断电再上电。进行首次设置时，请按照图 5-4 设置
控制方式和通信相关参数。

③ 设置通信格式，如图 5-5 所示。

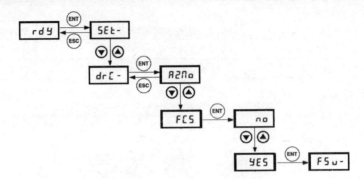

图 5-3　恢复出厂设置

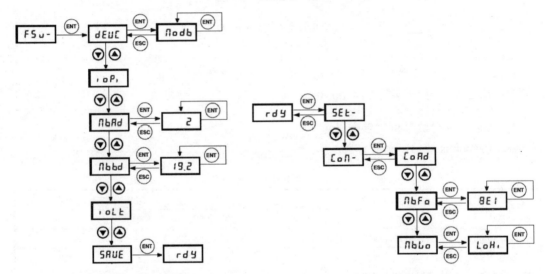

图 5-4　通信参数设置　　　　　　图 5-5　通信格式设置

（2）Twido PLC 的 Modbus 软件设置

① 选择"硬件"，单击右键，添加 Modbus 模块，如图 5-6 所示。

② 右击"端口 2"，对 PLC 通信参数进行组态（与伺服驱动器中设定值相对应），如图 5-7 所示。

③ 编程中 Lexium 05 参数说明。

Lexium 05 有多种工作模式，包括定位控制模式、特征速度曲线控制模式、寻原点操作模式、电流控制模式、直接速度控制模式、电子齿轮控制模式、手动模式等。此处以特征速度曲线控制模式为例，简单介绍伺服驱动器的几个关键参数。当工作模式为特征速度曲线控制模式时，需要的关键参数见表 5-3。

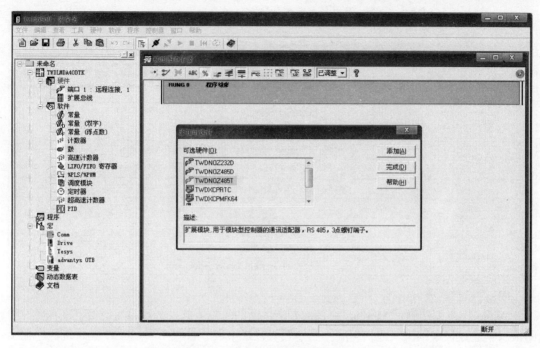

图 5-6　选择添加 Modbus 通信口

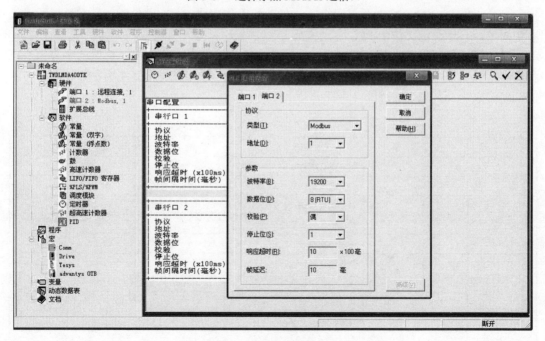

图 5-7　通信参数设置

表5-3 关键参数

写入变量		
地 址	代 码	说 明
6914	DCOMcontrol	DRIVECOM 控制字：6914=F，使能；6914＝0，断开使能； 6914=6，关闭
6918	DCOopmodeM	启动运行模式： 6918=3，速度特征曲线模式
6938	PVn_target	速度特征曲线模式下的给定速度，单位 r/min； 在速度特征曲线模式下，需要停止可设置为6938=0
读出变量		
地 址	代 码	说 明
6916	DCOMstatus	DRIVECOM 状态字：6916＝7，已经使能
6920	DCOMopmd_act	有效的运行模式： 6920=3，特征速度曲线控制模式

④ 交换数据表。

Twido 作为主站进行 Modbus 通信时，是主动的工作方式，必须编写通信程序，而程序的编写是通过按规则填写通信用的控制字表、发送字表、接收字表，PLC 的系统程序把上述 3 个字表的内容转换成标准 Modbus 协议的消息格式。

另外，Twido 作为 Modbus 从站时，是被动的工作方式，不需要编程，只需要配置通信参数即可，具体通信工作由 PLC 自动完成。

通信用的控制字表、发送字表、接收字表一般存放在连续的%MW 组成的字表中，在程序中用赋值指令来填写字表，发送或接收帧的最大值是 256B。表 5-4 所示为读取和写入的帧结构。

表 5-4（a） 读 N 个字——%MW（功能码 03）

	表 索 引	高 字 节	低 字 节
控制字表	0	01（发送/接收）	06（发送长度）
	1	03（接收偏移）	00（发送偏移）
发送字表	2	从站地址（1～247）	03（请求码）
	3	读取的第一个字的地址	
	4	读取的字数 N	
接收字表	5	从站地址（1～247）	03（请求码）
	6	00（接收偏移值）	2×N 所读的值占用的字节数
	7	读取的第一个字	
	8	读取的第二个字	
	…	…	…
	N＋6	读取的第 N 个字	

表 5-4（b）　写 *N* 个字——%MW（功能码 16）

	表　索　引	高　字　节	低　字　节
控制字表	0	01（发送/接收）	8＋（2×N）发送长度
	1	00（接收偏移）	07（发送偏移）
发送字表	2	从站地址（1～247）	16（请求码 16 进制 10）
	3	所写第一个字地址	
	4	所写字的个数 N	
	5	00（发送偏移值）	2×N 所写字节数
	6	所写的第一个字	
	7	所写的第二个字	
	…		
	N＋5	所写第 N 个字	
接收字表	N＋6	从站地址（1～247）	16（请求码）
	N＋7	所写第一个字地址	
	N＋8	所写的字数	

⑤ Modbus 通信模块介绍。

一个 Twido 控制器配置后可与 Modbus 从设备通信，以字符模式（ASCII）发送或接收消息。TwidoSoft 为这些通信提供了 EXCHx 指令和 %MSGx 功能块。

EXCHx 指令用于发送/接收报文。[EXCHx %MWi:L]（i＋L <=255）其中：x＝串行口号（1 或 2）；x＝以太网端口（3）；L＝字表总字数（最大 121）。内部字表 %Mwi:L 的值为 i+L<=255。

%MSGx 功能块用于控制数据交换。其中：*x*＝1 或 2，分别表示控制器串口 1 或 2；x＝3，表示控制器的以太网端口（仅适用于 TWDLCAE40DRF 控制器）。%MSGx 功能模块具有通信错误校验，多消息协调，优先消息发送三个功能。

3. 应用实例

（1）实验目的

① 掌握 Twido PLC 与 Lexium 05 之间的通信；

② 掌握 Modbus 总线通信的软硬件设置。

（2）实验要求

采用 Modbus 总线通信方式，以 Twido PLC 控制 Lexium 05 伺服驱动器，在特征速度曲线控制模式下控制伺服电机的使能、去使能和转动。

（3）设计方案

1）控制逻辑（表 5-5）

表 5-5 几种控制方式

控制方式	输 入 量	实现功能
使能	%M0	置位以实现电机使能
正转	%M3	置位以实现电机以 500r/min 的速度正转
去使能	%M2	置位以实现电机去使能、停转

2）主要硬件设备

24V 开关电源 1 只，PLC 采用 TWDLCAE40DRF，通信模块采用 TWDNAC458T，伺服驱动器采用 Lexium 05A，伺服电机采用 BSH 系列，Modbus 通信电缆 1 条等。

（4）实验步骤

1）基本设置

完成系统连线之后按照 5.1.1 节介绍的方法进行系统的硬件连接和软件设置。

2）Twido PLC 编程

主要程序编写步骤如下：

① 总程序初始化：%MSG2 模块用于控制数据交换。其中 2 表示控制器串口 2 为当前通信端口，如图 5-8 所示。

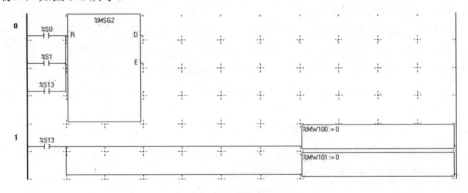

图 5-8 总程序初始化

② 选择功能分支：%M0 控制伺服驱动器使能，%M1 控制故障复位，%M2 控制伺服驱动器去使能。这里通过赋给内部字%MW100 不同数值来实现传送不同的控制字，如图 5-9 所示。

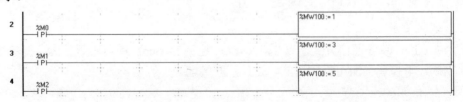

图 5-9 选择功能分支

③ 给定控制字：伺服驱动器的控制字地址为 6912。在此对%MW200～%MW205 按照

通信帧的格式赋值，指定通信方式和通信地址，构成一帧 Modbus 通信字表。之后对 %MW206 分别赋值控制字 F、80 和 0，对应实现使能、故障复位和去使能功能。最后，通过 EXCH2 指令，将信息传送给控制字 6914，如图 5-10 所示。

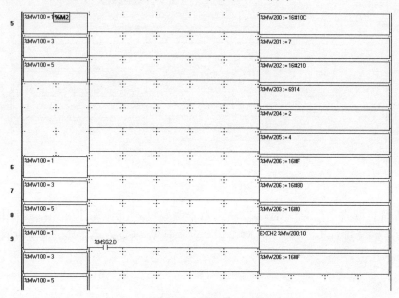

图 5-10　给定控制字

④ 启动速度曲线控制模式：当 6918=3 时，伺服驱动器的工作模式为速度曲线控制模式。这里对%MW300～%MW306 赋值，构成通信字表，之后发送报文，改变 6918 的数值，如图 5-11 所示。

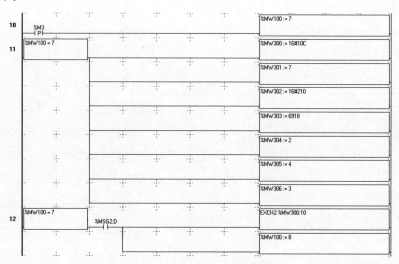

图 5-11　速度曲线控制模式

⑤ 读取当前状态：为了保障驱动器正常运行，需要确认工作模式，此处读取 6918 的数值，并且存入内部字%MW407，如图 5-12 所示。

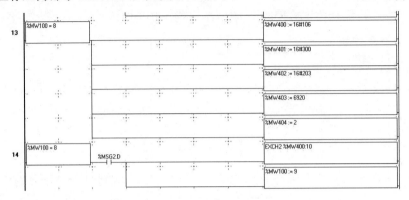

图 5-12　读取状态

⑥ 判断当前模式：如果%MW407=3，则表明驱动器工作在速度曲线控制模式，改变指针%MW100 继续进行下一步。若%MW407 不等于 3，则重复第 4 步，再次设置工作模式，如图 5-13 所示。

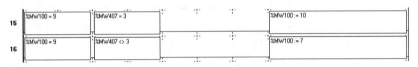

图 5-13　模式判断

⑦ 设置速度：在伺服驱动器中，参数 6938 即是给定速度。在此设置其值为 500，使电机转速为 500r/min，如图 5-14 所示。

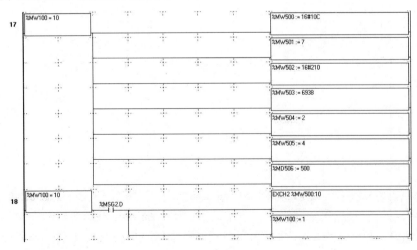

图 5-14　速度设置

⑧ 程序结束，如图 5-15 所示。

图 5-15　程序结束

3）动态变量表调试运行

启动控制器后，在动态变量表中添加%M0、%M2、%M3 三个内部位，切换到动态显示后，通过直接赋值可以控制电机运行。当%M0=1，%M2=0 时，驱动器使能，此时将%M3置 1 以启动速度曲线控制模式，电机以 500r/min 的速度转动；当%M1=0，%M2=1 时，驱动器去使能。动态变量表调试界面如图 5-16 所示。

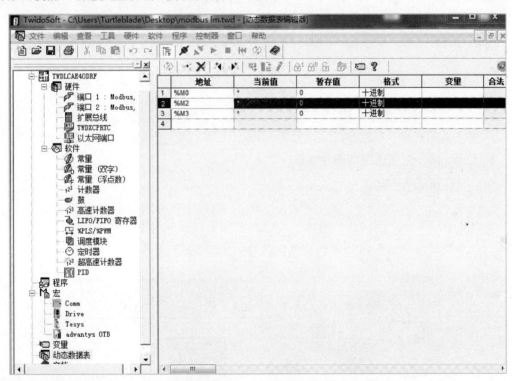

图 5-16　动态数据表调试

5.1.2　CANopen 总线控制方式的实现

伺服电机驱动器在 CANopen 网络中作为从节点，与网络进行实时数据传输，并对其负责的底层设备进行数据采集和控制。该驱动器遵循 CANopen 通信专规 DS-301 和伺服驱动专规 DSP-402，控制和通信结构如图 5-17 所示。图中设备控制负责控制器的启动和停止，操作模式决定控制器的动作。本小节以速度控制模式为例进行介绍。

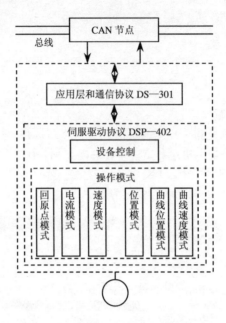

图 5-17　CAN 节点驱动和通信结构

1. CANopen 总线通信的硬件连接

（1）伺服驱动器上的连接

Lexium 05A 伺服驱动器上的 CANopen 端口共有两个，分别位于 CN1 口和 CN4 口。可以选择其中一个，如 CN4 口。S1 为终端电阻，拨到右边为 OFF，左边为 ON。CN1 口和 CN4 口的接线分别如图 5-18 所示，接线含义分别见表 5-6 和表 5-7。

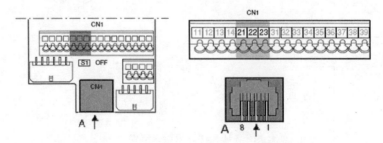

图 5-18　Lexium 05A CANopen 通信端口

表 5-6　CN1 口的 CANopen 接线含义

针　脚	信　号	含　义	输入/输出
21	CAN_0V	基准电位 CAN	
22	CAN_L	数据线的反向	CAN 电平
23	CAN_H	数据线	CAN 电平

表 5-7　CN4 口的 CANopen 接线含义

针　脚	信　号	含　义	输入/输出
1	CAN_H	数据线	CAN 电平
2	CAN_L	数据线的反向	CAN 电平
7	MOD+10V_OUT	10V 电源（其他配置作为 CANopen）	输出
8	MOD_0V	相对于 MOD+10V_OUT 的基准电位	输出

（2）PLC 上的连接

Twido PLC 上的 CANopen 模块 TWDNCO1M 的端口定义如图 5-19 所示。

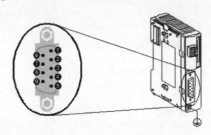

图 5-19　TWDNCO1M 的通信端口

详细、完整的接线图及各端口定义如图 5-20 所示。

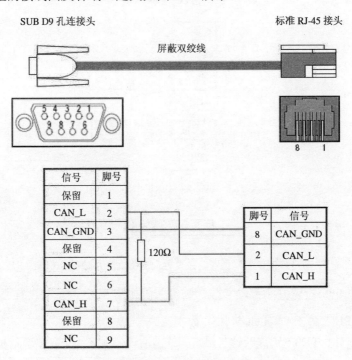

图 5-20　Twido PLC 详细、完整的接线图及端口定义

2．CANopen 总线通信的参数设置

实现 Twido PLC 对 Lexium 05A 的 CANopen 通信控制，只需设置如下 3 个相关通信参数（如伺服驱动器的总线地址为 2，通信波特率为 500 Kb/s，这两个参数也可以根据需要进行设置），见表 5-8。

表 5-8　使用 CANopen 总线时伺服驱动器的参数设置表

序　号	参数路径	参数类型	值
1	FSU-/dEVC		CANO
2	FSU-/CON-/CoAd	控制方式	2
3	FSU-/CON-/Cobd		500

（1）伺服驱动器中的设置（使用 HMI 设置）

① 首先恢复出厂设置，此处与 Modbus 通信方式设置相同，参见 5.1.1 节相应部分的内容。

② 恢复出厂设置后，断开 DC 24V 控制电源，然后给伺服驱动器重新上电，再按照如图 5-21 所示的步骤设置 CANopen 通信控制方式及相关参数。

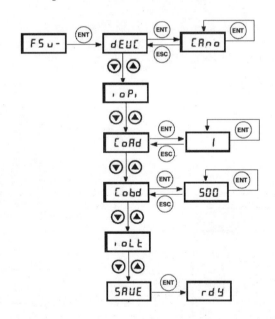

图 5-21　恢复出厂设置后，设置伺服驱动器参数的流程图

③ 若不是从出厂设置开始改动参数，则可采用如图 5-22 所示的设置流程。

（2）Twido PLC 的 CANopen 软件设置

① 选择"硬件"下的"扩展总线"选项，单击右键添加 CANopen 通信模块，如图 5-23 所示。

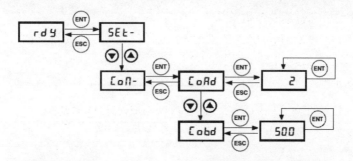

图 5-22　不从出厂设置开始，设置伺服驱动器参数的流程图

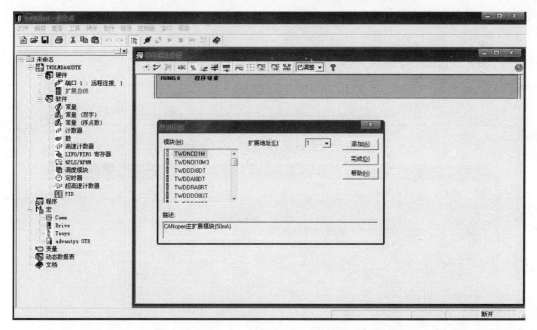

图 5-23　添加 CANopen 通信模块

②　右击应用程序浏览器中扩展模块下的 TWDNCO1M，对通信参数进行配置，首先要导入 Lexium 05 的 EDS 文件，如图 5-24 所示。

③　添加从设备。EDS 文件导入成功后，在目录菜单下显示 Lexium 05 伺服驱动器设备，单击"Lexium 05（V1.12）"图标添加 CANopen 从设备。Twido PLC 可以添加 16 个 CANopen 从设备，每个从设备的地址号及波特率必须与伺服驱动器的设置相一致，如图 5-25 所示。

④　PDO 组态设置。单击"Mapping"，配置发送和接收的 PDO 功能。Lexium 05A 伺服驱动器支持 8 个 PDO，接收和发送各 4 个，其中前 3 个 PDO 的定义是固定的，用户不能对其进行修改，第 4 个 PDO 可以自由定义，但不能超出 4 个字。

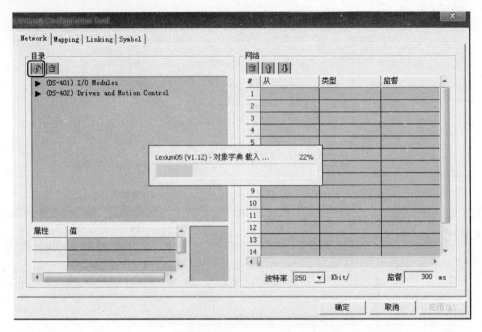

图 5-24　导入 EDS 文件

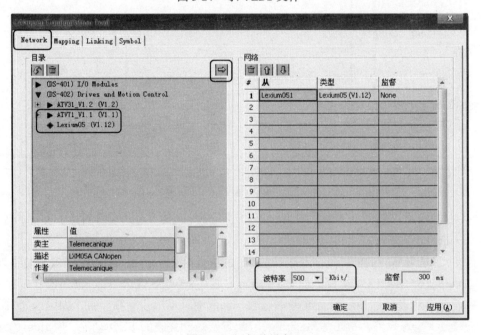

图 5-25　添加从设备

先选择 PDO 中的传送，选择 PDO TX4，把左边的 6064 位置实际值添加进来；再选择 PDO 中的接收，选择 PDO RX4，把左边 3026 的两个子目录添加进来，如图 5-26 所示。

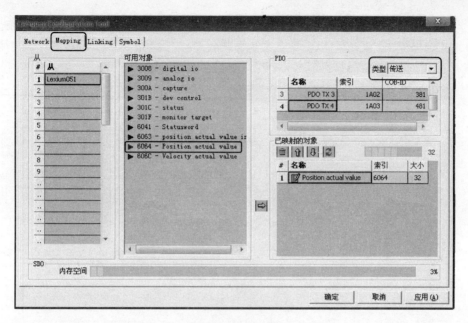

图 5-26　配置 PDO

⑤ 链接 PDO。PDO 组态完成后，要将使用的从机链接到主机上去。当主 PDO 为传送时，把 201 从左边添加到右边；当主 PDO 为接收时，把 381 和 481 添加至右边，如图 5-27 所示。

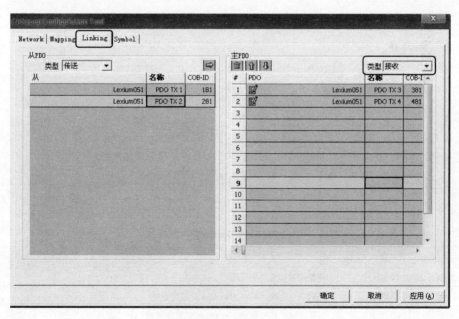

图 5-27　链接 PDO

⑥ 链接完成后，在 Symbol 页面下显示已用的 PDO 及其地址，如图 5-28 所示。此时，在 Symbol 选项卡中，已经可以看到定义了哪些变量。在 PLC 编程中，通过对这些变量的修改，即能对伺服驱动器进行控制。

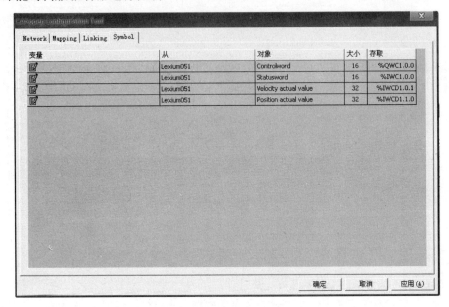

图 5-28　PDO 对应 PLC 的地址

3. 应用实例

（1）实验目的

① 掌握 Twido PLC 与 Lexium 05 之间的通信；

② 掌握 CANopen 总线通信的软硬件设置。

（2）实验要求

采用 CANopen 总线通信方式，以 Twido PLC 控制 Lexium 05A 伺服驱动器，以速度控制方式来实现对伺服电机的使能、正转、反转、停止等基本功能。

（3）设计方案

1）控制逻辑（表 5-9）

表 5-9　几种控制方式

控制方式	输　入　量	实现功能
使能	%M1	置位以实现电机使能
正转	%M10	置位以实现电机以 500r/min 的速度正转
反转	%M11	置位以实现电机以 1000r/min 的速度反转
停止	%M2	置位以实现电机去使能、停转

2）主要硬件设备

24V 开关电源 1 只，PLC 采用 TWDLCAE40DRF，通信模块采用 TWDNCO1M，伺服驱动器采用 Lexium 05A，伺服电机采用 BSH 系列，CANopen 通信电缆 1 条等。

（4）实验步骤

1）基本设置

完成系统连线之后按照 5.1.2 节中的内容进行系统的硬件连接和软件设置。

2）Twido PLC 编程

主要程序编写步骤如下：

① 总程序复位：作用是当设备断电或者重新启动后进行总程序的复位，如图 5-29 所示。

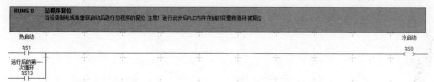

图 5-29　总程序复位

② 使能：向 %QWC1.0.0 写入值 16#0F 可以让电机"使能"，如图 5-30 所示。

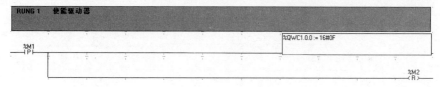

图 5-30　使能

③ 去使能：向 %QWC1.0.0 写入值 16#0 可让电机去使能，如图 5-31 所示。

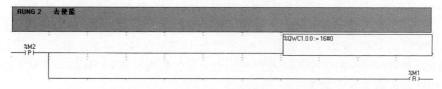

图 5-31　去使能

④ 电机正转，如图 5-32 所示。

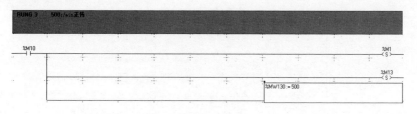

图 5-32　正转

⑤ 电机反转，如图 5-33 所示。

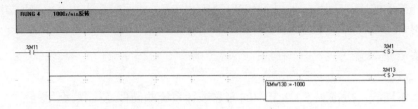

图 5-33 反转

⑥ 转速控制模式，如图 5-34 所示。

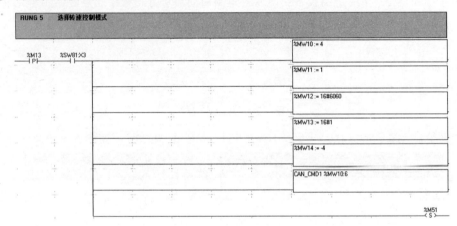

图 5-34 转速控制模式

其中：%SW81 表示扩展 I/O 模块状态，位[0]表示配置状态；位[1]表示运行状态；位[2]表示初始化状态；位[3]表示 CAN_CMD 指令完成；位[4]表示 CAN_CMD 指令错误。%MW10 :=4 表示写指令；%MW11 := 1 表示节点地址为 1；%MW12 := 16#6060 表示运行模式；%MW13 := 16#1 表示子对象索引 0，字节数 1；%MW14:=-4 表示选择转速控制模式；CAN_CMD1 %MW10:6 表示写入转速控制的值，写的数据存在%MW14 与%MW15 中。

⑦ 转速写入内部字，如图 5-35 所示。

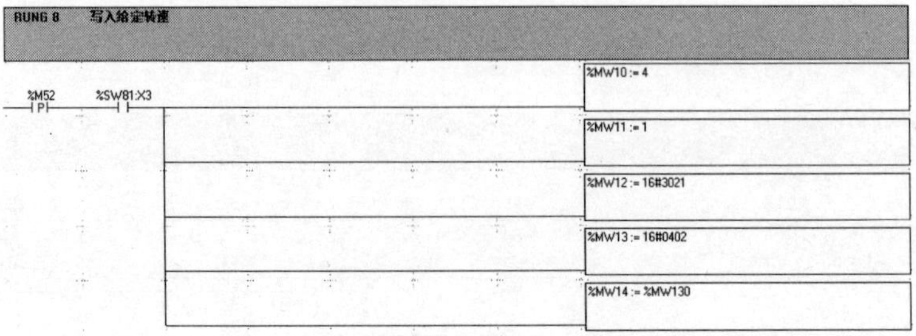

图 5-35 转速写入

这里不直接写入转速值，而是将转速值赋给内部字%MW130，便于改变转速。

⑧ 转速控制的给定源，如图 5-36 所示。

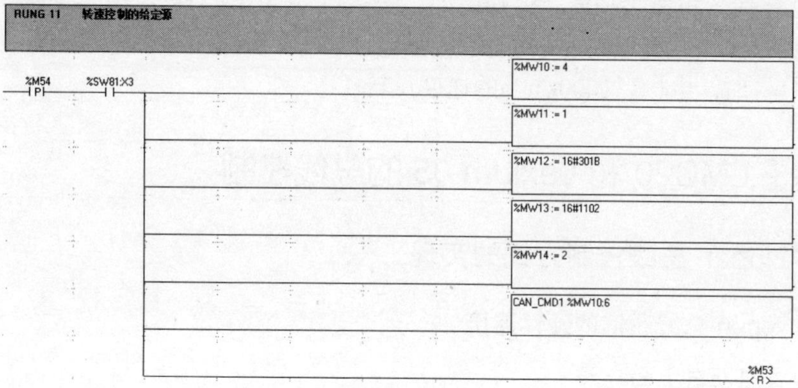

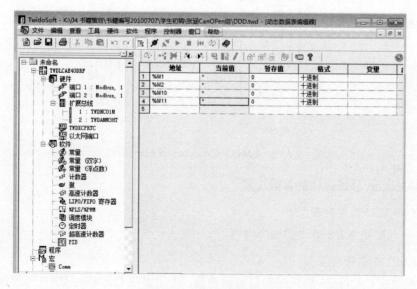

图 5-36　给定源

上述步骤⑥～⑧的程序可以组成一个模块，这个模块只有两个入口，一个是%M13，是该"模块"的"开关"，另一个是%MW130，用于给定转速（正值顺时针转，负值逆时针转）。在编写其他部分时只要编辑%M13 和%MW130 就可以进行转速控制。

3）动态数据表调试

在左侧导航栏中单击"动态数据表"，右侧的数据表中即可添加内部位地址%M1、%M2、%M10、%M11，如图 5-37 所示。单击"切换动态显示"按钮，即可实时监视和控制 PLC 内部的变量值。

图 5-37　动态数据表调试

单击运行按钮，改变动态变量表中数值，分别实现对应功能。例如：

当%M1=1时，电机使能；

当%M2=1时，电机去使能、停转；

当%M10=1时，电机以500r/min的速度正转；

当%M11=1时，电机以1000r/min的速度反转。

5.2　基于 LMC20 和 Lexium 05 的总线控制

5.2.1　CANopen 总线控制方式的实现

1．CANopen 总线通信的硬件连接

（1）伺服驱动器上的连接

此部分可参见 5.1.2 节中的相应内容。

（2）LMC20 上的连接

LMC20 通过它的 9 针凸型 SUB-D 连接器连接 CANopen 总线，实际中通过 CANopen 线将 LMC20 的 CANopen 接口与 Lexium 05A 的数据传输口连接。SUB-D 连接器的端口定义如图 5-38 所示，详细的接线图可以参见 5.1.2 节中的图 5-18。

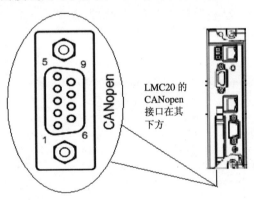

图 5-38　LMC20 CANopen 接线示意图

2．CANopen 总线通信的参数设置

（1）伺服驱动器中的设置

此部分可参见 5.1.2 节中的相应内容。

（2）LMC20 中的设置

为了能通过 CANopen 总线控制伺服驱动器，还需要在 CoDeSys 软件中进行一些设置。下面列举了如何从模板创建一个工程，设置相关参数，从而使 LMC20 能够通过 CANopen

总线控制伺服驱动器。

① 选择从模板 LMC Template with LEX05 on MotionBus.pro 新建程序。打开 Motion Pro 软件，单击新建项目"File"，选择"New from template"，在如图 5-39 中显示的窗口中，选择"LMC Template with LEX05 on MotionBus.pro"，单击"打开"按钮。

图 5-39　从模板新建文件

② 在页面左下方有四个选项卡，单击最后一个"Resources"，在左边的一栏选项中选择"PLC Configuration"，去掉"BusInterface"，如图 5-40 所示。

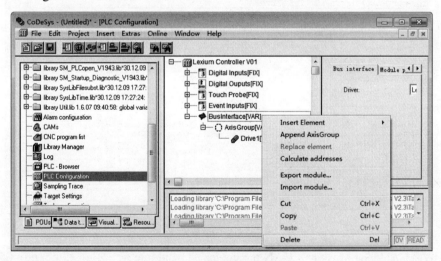

图 5-40　删除 BusInterface

③ 右击"Lexium 05 Controller V01"，单击弹出菜单中的"Append Subelement"，改选"CANopen Master"，出现"CANopen Master[VAR]"；右击"CANopen Master[VAR]"，单击弹出菜单中的"Append Subelement"，在其下添加一个子元件 BL_Motion_CAN_LXM05_V1005，并给子元件命名为 Drive1，如图 5-41 所示。

④ 然后在 Library Manager 中添加库文件 BL_Motion_CAN_V1005.lib，编制程序时，

控制电机运行模式的模块即在此库文件中，如图 5-42 所示。

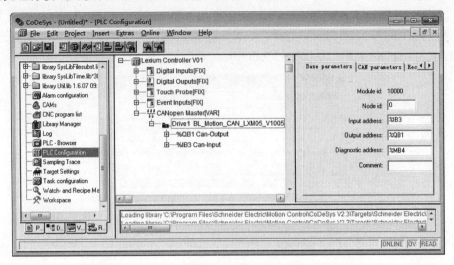

图 5-41　添加子元件

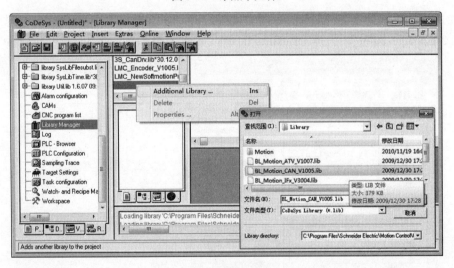

图 5-42　添加库文件

⑤ 设置 CANopen Master 中 CAN parameter 的 baud rate 值，必须和 Lexium 05 驱动器中⌐oⴆd的设置相同。例如，假设 Lexium 05 驱动器中⌐oⴆd的设置为 500 Kb/s，那么 CAN parameter 的 baud rate 值应设为 500 Kb/s，如图 5-43 所示。

⑥ 最后，BL_Motion_CAN_LXM05_V1005 对应的 CAN parameters 中的 Node ID 也必须和 Lexium 05 驱动器中⌐oⴆd的设置相同。假设 Lexium 05 驱动器中⌐oⴆd的设置为 2，那么 CAN parameters 中的 Node ID 值也要设为 2。这样才能保证 LMC20 通过 CAN 总线控制驱动器，如图 5-44 所示。注意完成步骤⑤和⑥的设置后，Lexium 05 伺服驱动器需要重新上电。

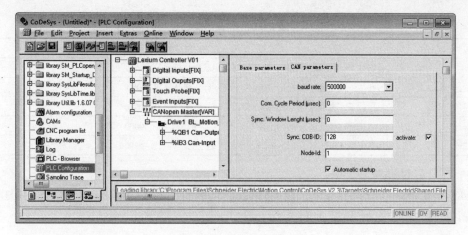

图 5-43　设置波特率

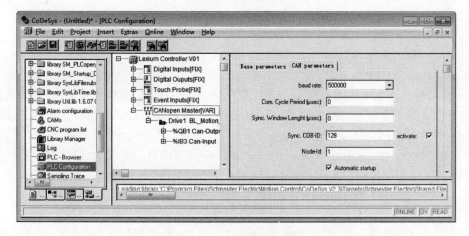

图 5-44　设置 Node ID

3．应用实例

（1）实验目的

① 掌握 LMC20 CANopen 总线通信的软硬件设置；

② 掌握 LMC20 与 Lexium 05 之间的 CANopen 通信编程。

（2）实验要求

采用 CANopen 总线通信方式，以 LMC20 控制 Lexium 05 伺服驱动器，创建一个可视化界面，包括"使能"、"正转慢速"、"反转慢速"、"正转快速"、"反转快速" 5 个按钮，分别实现对电机的运转控制。

（3）设计方案

1）控制功能（表 5-10）

表 5-10 控制功能表

按 钮 名 称	实 现 功 能
使能	按钮按下，伺服电机使能，再次按下，电机去使能
正转慢速	按钮按下，电机以 50 r/min 的速度正转运行至绝对位置 50000
反转慢速	按钮按下，电机以 50 r/min 的速度反转运行至绝对位置–50000
正转快速	按钮按下，电机以 500r/min 的速度正转运行至绝对位置 50000
反转快速	按钮按下，电机以 500 r/min 的速度反转运行至绝对位置–50000

2）主要硬件设备

24V 电源模块 1 只，控制器采用 LMC20，伺服驱动器采用 Lexium 05A，伺服电机采用 BSH 系列，CANopen 电缆 1 条等。

（4）实验步骤

1）基本设置

按照 5.2.1 节中的"LMC20 中的设置"的第 1 步新建一个工程。

2）程序编写

主要程序编写步骤如下：

① 将可视化界面中的图形删去，POUs 文件夹中 MOTION_PRG 也可删去，若没有删去，则注意要将第四个选项卡中的 Task configuration 中 Motiontask 改成自己新建的 PLC_PRG。

右击"POUs"文件夹，选择"add objects"，选择"Program"类型和"CFC"语言，单击"OK"按钮，如图 5-45 所示。它可以调用任何用户自己定义的或库中原有的功能块（FB），用户可以添加连线把各个 FB 联系起来实现不同功能，也可任意添加输入与输出单元。

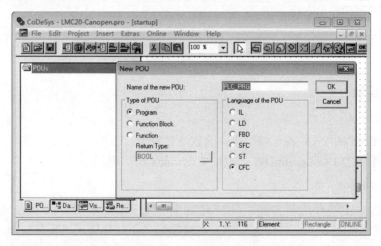

图 5-45 创建 CFC 语言的程序块（PRG）

下面对本程序中用到的自定义功能块 RUN 模块加以介绍。

② 编写 RUN 模块。程序用到了自带模块 MC_Power_CAN 和 MC_MoveAbsolute_CAN，

通过获得执行信号 Execute、转速信号 Velocity 和位置信号 Position 来控制电机的运动状态。改变转速 Velocity 和位置 Position 之后 Execute 需重新获得一个上升沿信号才有效，否则电机转速 Velocity 和期望运行到的位置 Position 不会改变。

　　RUN 模块就是用来实现按实验要求改变电机的转速及位置，并且确保每次改变这两个变量之后 Execute 重新获得一个上升沿信号。

　　如图 5-46 所示是 RUN 模块编写的具体步骤。右击"POUs"文件夹，选择"add objects"，选择"Function Block"类型和"SFC"语言，单击"OK"按钮。

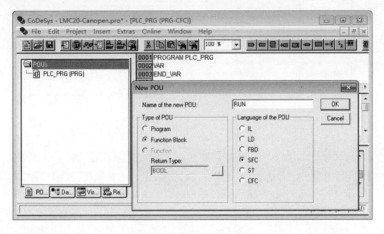

图 5-46　添加 RUN 模块

　　INPUT 中定义的两个布尔型变量 Sta 和 Done，分别与模块 MC_Power_CAN 的输出端 Status 和 MC_MoveAbsolute_CAN 的输出端 Done 相连。VAR_OUTPUT 中定义的三个变量，分别是整型变量 VEL、布尔型变量 EXE，以及 DINT 型变量 POSITION，分别作为输出与后面 MC_MoveAbsolute_CAN 模块的输入 Velocity、Execute 和 Position 相连，变量定义如图 5-47 所示。

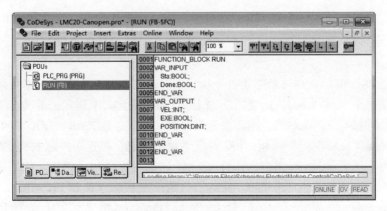

图 5-47　模块 RUN 的变量定义

如图 5-48 所示，创建一个顺序图，对于图中的每个动作，双击后均选用 IL 语言，即用 IL 语言编写每个动作的具体实现。

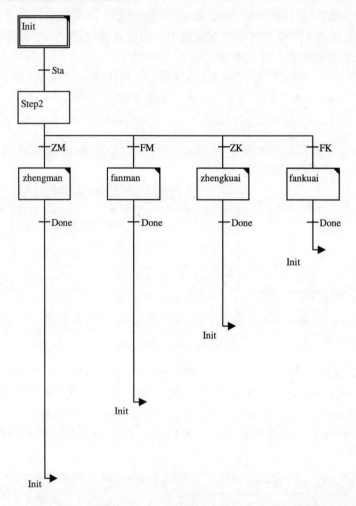

图 5-48　模块 RUN 的顺序图

观察图 5-48，可以看到该功能块首先执行 Init 动作，然后在电机正常使能的情况下，Sta 为 1，于是执行动作 Step2，此处的动作 Step2 为空语句。空语句之后为分支结构，根据用户按下的不同按钮（ZM 对应"正转慢速"按钮，按下之后 ZM=1；ZK 对应"正转快速"按钮；FM 对应"反转慢速"按钮；FK 对应"反转快速"按钮。注意要将 ZM、FM、ZK 和 FK 定义为全局变量 VAR_GLOBAL），进入不同的分支语句。例如，如果用户只按下了"正转慢速"，那么判断条件 ZM 为 1，而其他判断条件 FM、ZK 和 FK 均为 0，于是程序执行动作 zhengman，只有在电机转到变量 Positon 所指定的位置之后，模块 MC_MoveAbsolute_CAN 的输出端 Done 才会输出一个高电平，变量 Done=1，才会执行下面的动作。引入变量 Done 的好处是，保证电机能够转到指定的位置，而不会在未转到指定位置前，就因为反向按钮被按下而改变转向。最后，程序又返回到 Init 动作，如此循环。

可以注意到 Step2 之后有一个四分支结构，根据不同的条件进入不同的分支语句，创建分支的方法是，右击要创建分支的判断条件，选择"Alternative Branch（right）"，右面就出现一个并联的判断条件，再右击这个新出现的判断条件，选择"jump"，就创立了分支，如图 5-49 所示。

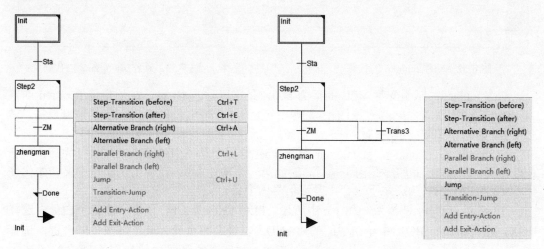

图 5-49　创建分支示意图

下面就对每一步动作的代码一一加以说明。

动作 Init：用于初始化变量 EXE 为 FALSE，为产生一个上升沿信号做准备，代码如图 5-50 所示。

动作 zhengman：赋予变量 VEL 的值为 50，赋予变量 Position 的值为 50000，并且使 EXE 变为 TRUE，实现一个上升沿，使电机以 50r/min 的速度正转，转到位置 50000，代码如图 5-51 所示。

图 5-50　动作 Init 的代码

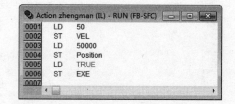

图 5-51　动作 zhengman 的代码

动作 fanman：赋予变量 VEL 的值为 50，赋予变量 Position 的值为 -50000，并且使 EXE 变为 TRUE，实现一个上升沿，使电机以 50r/min 的速度反转，转到位置 -50000，代码如图 5-52 所示。

动作 zhengkuai：赋予变量 VEL 的值为 500，是慢速时的 10 倍，赋予变量 Position 的值为 50000，并且使 EXE 变为 TRUE，实现一个上升沿，使电机以 500r/min 的速度正转，转到位置 50000，代码如图 5-53 所示。

图 5-52　动作 fanman 的代码

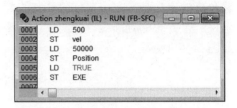
图 5-53　动作 zhengkuai 的代码

动作 fankuai：赋予变量 VEL 的值为 500，是慢速时的 10 倍，赋予变量 Position 的值为 –50000，并且使 EXE 变为 TRUE，实现一个上升沿，使电机以 500r/min 的速度反转，转到位置 –50000，代码如图 5-54 所示。

当 zhengman、fanman、zhengkuai 和 fankuai 这四个动作中的某个动作执行完后，判断条件为真（Done=1），顺序图向下执行，回到第一个动作 Init，在初始化动作中又初始化变量 EXE 为 FALSE，为产生下一个上升沿信号做准备。

③ 编写 PLC_PRG 模块。如 1）中所述，PLC_PRG 为 CFC 语言。右击空白处，选择 BOX，在所添加的 BOX 中单击中间的 "AND"，使之整个变为蓝色，按 "F2" 键，选择 "Standard Function Blocks"；取消下方 Structured 前多选框中的勾以方便寻找，双击 MC_Power_CAN，如图 5-55 所示。

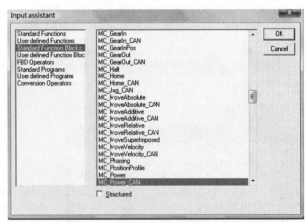

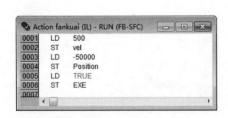
图 5-54　动作 fankuai 的代码

图 5-55　在 PLC_PRG 中添加 MC_Power_CAN

将得到的模块上的 "???" 自行命名（本例中用 POWER）。改好后在弹出的对话框中单击 "OK" 按钮，完成一个模块的添加。按照上述的方法将 MC_MoveAbsolute_CAN，以及自己定义的 RUN 模块（在 User Defined Function Blocks 中）加入。注意命名时不要重复或者使用系统内部可能已经使用的名字。在 MC_Power_CAN 前的 Axis 上加 Input，其变量名字改为 Drive1（与 PLC Configuration 中命名的相同），表示电机的轴。另外，在 Enable 前加布尔型变量 ON，按如图 5-56 所示对其进行设置，用于控制电机的使能，设定其地址和触摸屏中的按键 ON 的地址对应，可实现在触摸屏上通过按键 ON 控制电机的使能与去使能。同理在 MC_MoveAbsolute_CAN 的 Axis 前加输入 Drive1，注意之间不要忘记连线。最后根据对应关系连线得到最终 PLC_PRG 的模块，如图 5-57 所示。

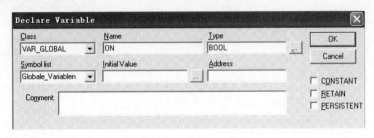

图 5-56　对变量 ON 的设置

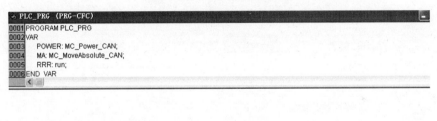

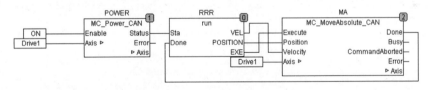

图 5-57　PLC_PRG 的模块整体图

④ 编译程序，单击"Project"中的 Build 使结果最终显示 0 errors，如果有错则根据错误提示信息进行修改，直到无错误为止。

3）创建可视化界面

电机通过按钮 ON 实现使能及去使能，通过四个按钮"正转慢速"按钮、"正转快速"按钮、"反转慢速"按钮、"反转快速"按钮控制电机运行，在可视化界面中将这些按钮画出。此外，利用计算机控制是为了方便观察及调试。另外，将 MC_Power_CAN 和 MC_MoveVelocity_CAN 的可视化模块也画出，可观察到 Enable、Status、Velocity 和 Position 等变量的状态。

单击页面左下角第三个按钮"Visualization"，右击"Visualizations"，选择"Add Objects"，

为新的可视化界面命名，如 Observation，如图 5-58 所示。

单击工具栏"OK"按钮左边的按钮，左键按住不放画出一方框，在弹出的对话框中选择 MC_Power_CAN，就会弹出 MC_Power_CAN 的可视化图形，如图 5-59 所示。

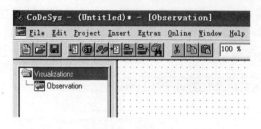

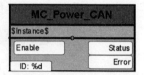

图 5-58　创建可视化界面　　　　图 5-59　MC_Power_CAN 模块的可视化图形

双击所得图形后单击"Placeholder"，在"Replace"下方单击后按"F2"键，选择 PLC_PRG 中的 MC_Power_CAN 元件，则可将此可视化图形与程序中的元件相关联，如图 5-60 所示。

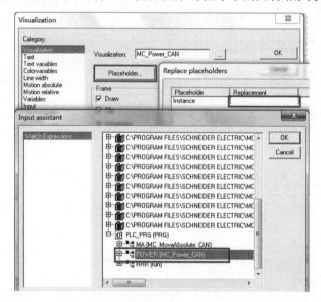

图 5-60　设置 MC_Power_CAN 图形，使其与程序中的元件相关联

同理，画出另外一个方框，选择 MC_MoveAbsolute_CAN，并在 Placeholder 中做类似的操作，选择 PLC_PRG 下的 MC_MoveAbsolute_CAN。当两个可视化界面添加后，在使能正确时，可以观察到 Enable 及 Status 会显示正确的颜色，而 Velocity 后面会显示当前的目标速度，Position 后面会显示当前的目标位置。

单击箭头右边矩形添加按钮，双击打开按钮，在"Text content"中写"ON"以便于记忆。在"Input"选项卡中选中"Toggle variable"复选框，将光标置于其后面的框中，按"F2"键，选择"Gloable_Variablen"中的"ON"变量，如图 5-61 所示。同理，对于"Variables"

中的"Change Color"也按此方法操作。在"Colors"选项中可将警报颜色设为与原来颜色不同的颜色。例如，将原来颜色设为绿色，警报颜色设为红色，从而容易看出按钮是否被按下，以判断电机是否被使能。

　　同理可以添加矩形框按钮"正转慢速"，在"Text content"中写正转慢速以便于记忆。在"Input"选项卡中选中"Toggle variable"复选框，点中其后面框，按"F2"键，选择"Gloable_Variablen"中的 ZM 变量，在"Variables"中"Change Color"中也按此操作。依照上述方法依次添加"正转快速"按钮、"反转慢速"按钮和"反转快速"按钮。

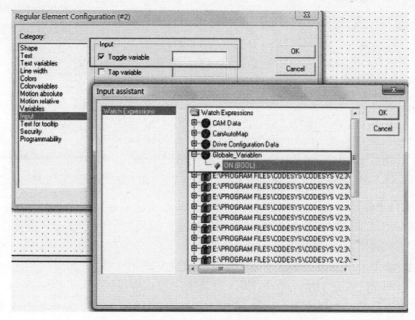

图 5-61　设置按钮的 Toggle variable 属性

　　最终可得到类似于如图 5-62 所示的界面，其中，"ON"按钮为使能开关，单击该按钮后电机使能，单击其他按钮可以执行相应的动作。

　　4）通信参数设置

　　为了将程序从 PC 上烧入 LMC20 中，还要对它们之间的通信参数进行设置。将 PC 中的程序烧入 LMC20 的方式有两种：使用 LMC20 上的 Modbus 接口进行串行通信；使用 LMC20 上的 Ethernet 接口，即用以太网进行通信。

　　① **Modbus 串行通信：**采用 Modbus 接口，LMC20 默认的通信参数是 38.4Kb/s，No Parity，

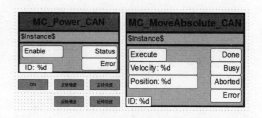

图 5-62　最终完成的可视化界面

One Stopbits，可单击"Online"菜单中的"Communication Parameters"选项进行修改或单击"New"新建，新建时选择"Serial（RS-232）"，如图 5-63 所示。

Online→Login 连接成功后，在 PLC-Browser 中可以设置 LMC20 的参数，在与触摸屏通信参数相同时才可通过 Modbus 传输程序，如图 5-64 所示。在 PLC-Browser 中单击▥按钮，然后在弹出的窗口中单击 mbusinf 可查看当前 modbus 总线的信息，单击 mbaddr，mbusbaudrate 和 mbusparity 可分别修改地址、波特率和校验位等信息，修改后 LMC20 要重新上电，才能使设置有效（注意选择默认设置时，若通信存在问题时，可查看参数设置是否正确）。

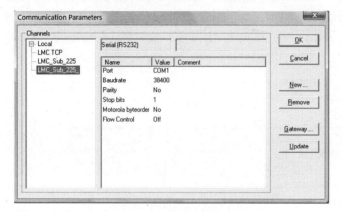

图 5-63　利用串口通信的通信参数设置　　　　图 5-64　查看与设置 Modbus 总线的参数

② **以太网通信**：采用以太网通信时，若设置成与上位机在同一个局域网中，便可以直接用一根网线把 LMC20 与上位机通过交换机相连。采用以太网下载程序速度比串口快许多，具体方法如下。

在 Communication Parameters 中单击 LMC TCP 修改 IP 地址，如改成 192.168.1.2，如图 5-65 所示。将 PC 的 IP 地址、子网掩码、默认网关做相应设置，如图 5-66 所示，当 Online →Login 连接成功后，在 PLC-Browser 中单击▥按钮，可将 LMC20 的 ip，mask 和 gateway 分别改为对应 PC 中的 IP 地址、子网掩码和默认网关，单击 ethinf 可查看当前运动控制器网络状态，如图 5-67 所示，修改后 LMC20 要重新上电。

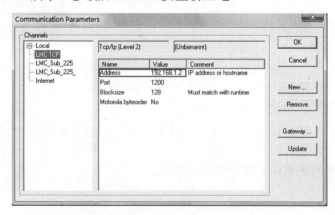

图 5-65　修改 LMC TCP 中的 IP 地址

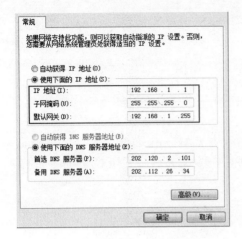

图 5-66　设置 PC 中的通信参数　　　图 5-67　使 LMC20 的通信参数对应于 PC 中的设置

5）登录运行

单击"Online→login"后，PC 会将程序烧入运动控制器，再单击"run"，就可通过软件中的可视化界面来控制电机。而如果单击"Online→login"后，进行"Create boot project"，完成后再单击"run"，则此后即使断电，程序还是会一直保持运行状态。

（5）实验注意事项

① 通信参数要设置正确。例如，波特率、地址、校验位等设置要一致，如果不能正常通信可从这几方面加以检查。更改参数后，LMC20 运动控制器要重新上电。

② 要时常注意驱动器状态，显示是否为 ready 或 run 状态；当其为 FLT 时，电机不能正常运行，此时若程序没有问题，对驱动器重新上电后可解决问题。

③ 在软件中模拟可视化界面时，不要忘记改动各按钮所对应的变量。

④ 对于系统中有 Execute 端的内置模块，都应该是上升沿有效，故如速度、位置等改变时，应重新加一上升沿，才可使改变有效，可在软件中实现。

⑤ 如若执行了"Create boot project"命令将程序永久存储在运动控制器中时，不要忘记单击"run"，否则在脱离 PC 让运动控制器重新上电时电机不会自锁，无法实现控制目的。另外，在这种情况下，程序中 Mc_Power_CAN 的使能 Enable 不能恒为 True，否则驱动会常出现 FLT，即使重新上电，问题也无法解决。

5.2.2　运动控制总线控制方式的实现

1．运动控制总线通信的硬件连接

专用于运动总线的 CANopen 连接提供了一种选择，最多可连接 8 个 Lexium 05 和 Lexium 15 伺服驱动器。运动总线用于控制这 8 个轴的运动。为确保运动总线的性能，建议采用菊花链形式进行安装，而不采用跨接方式；具有专用于运动总线的 CANopen 总线的架构示例如图 5-68 所示。

（1）伺服驱动器上的连接

此部分可参见 5.1.2 节中的相应内容。

（2）LMC20 上的连接

LMC20 的 MotionBus 接口硬件位置如图 5-69 所示，与 CANopen 总线一样，MotionBus 同样为 9 针插口，位于图示位置。它和伺服驱动器之间的通信连接线和使用 CANopen 通信时的连接线相同。

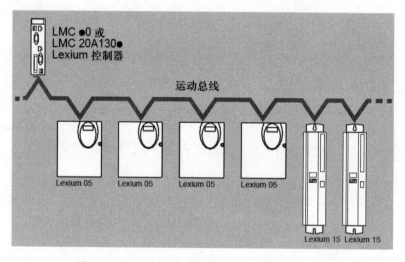

图 5-68　用于运动总线的 CANopen 机器总线架构

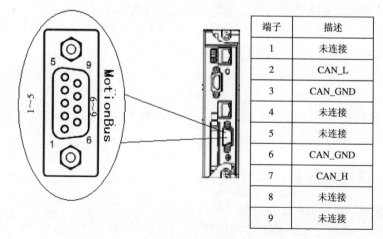

端子	描述
1	未连接
2	CAN_L
3	CAN_GND
4	未连接
5	未连接
6	CAN_GND
7	CAN_H
8	未连接
9	未连接

图 5-69　LMC20 运动总线端子连接示意图

2. 运动控制总线通信的参数设置

（1）伺服驱动器的设置

伺服驱动器的设置和 5.1.2 节中的设置相同，可以参见相应部分。唯一值得注意的是，伺服驱动器采用的设置仍然是 CANopen 通信方式，因此，设置波特率和硬件 ID 时注意与软件设置相匹配，以确保通信连接正常。

（2）LMC20 中的设置

① 利用模板新建一个工程。具体参见 5.2.1 节中的 "LMC20 中的设置" 中的第 1 步。

调用该模板后，只需修改 PLC 的配置，通信即可顺利进行，编写程序获得目标功能即可。如果没有采用模板建立工程，可按如下步骤对运动控制器进行配置。

② 对 PLC 进行配置，如图 5-70 所示，单击左下方 "Resources" 选项卡，双击 "PLC Configuration"。

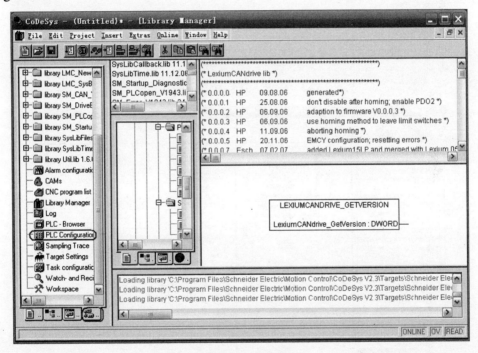

图 5-70　PLC 配置

③ 右击 "Lexium Controller V01"，选择 "Append Subelement" 添加子件 "BusInterface"，如图 5-71 所示。

④ 单击 "AxisGroup[VAR]"，设置运动任务、周期时间、波特率和同步发生器，如图 5-72 所示。运动任务只能在任务配置好后才能选择。

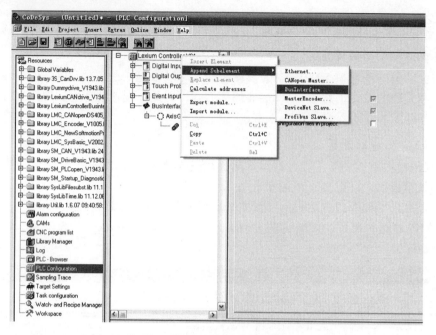

图 5-71　添加子件 BusInterface

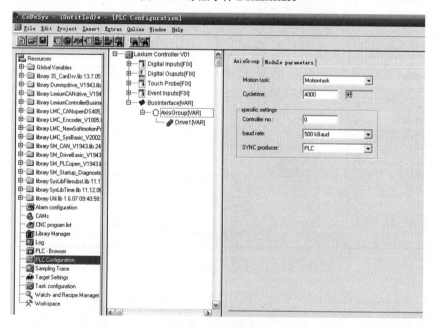

图 5-72　参数设置

⑤ 右击"AxisGroup[VAR]"添加驱动器，单击新建的驱动器"Drive"，如图 5-73 所示，对其进行配置，主要设置驱动器的标识符及地址，在右边"Scale"栏中将"Increments"

设置为"131072"，"SoftMotion Units"设置为 60，其他保持默认设置，如图 5-74 所示。

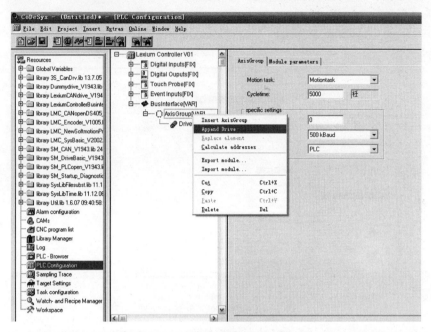

图 5-73　设置驱动器标识符及地址

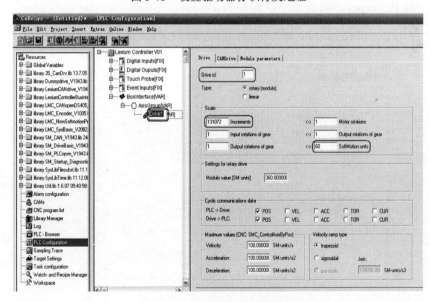

图 5-74　设置 scale 参数

⑥ 在"Resources"选择项卡下，双击"Task configuration"进行任务设置，如图 5-75 所示。双击"Library Manager"，对库文件进行管理，当采用 MotionBus 总线时，控制电机

运行的功能块在库文件 SM_PLCopen_V1943 中。

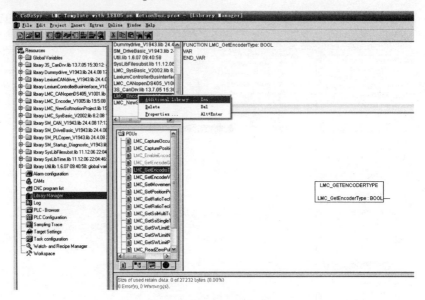

图 5-75　库文件管理

⑦ 单击左下角的"POUs"，在左边的空白处，右击选择"Add Objects"，在弹出来的对话框中，选择合适的编程语言、名称及 POU 类型，如图 5-76、图 5-77 所示。

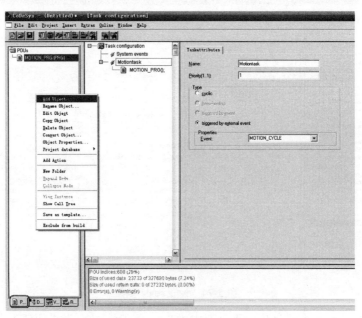

图 5-76　选择编程语言

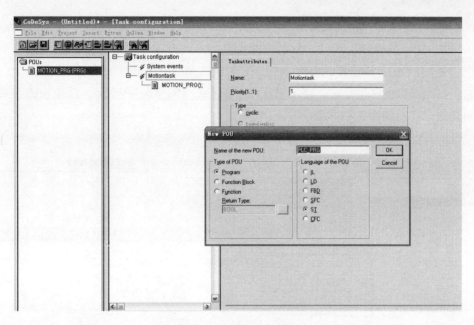

图 5-77　选择 POU 类型

⑧ 程序编写完成后，单击左下角的"Visualizations"选项卡，右击左边空白处选择"Add Object"，然后单击上面工具栏中的"Visualization"按钮，在下面的工作区画一个方框，然后在自动弹出的对话框中选择对应功能块的操作显示界面，单击"OK"按钮后方框中即显示相应功能块的操作界面，如图 5-78 所示。

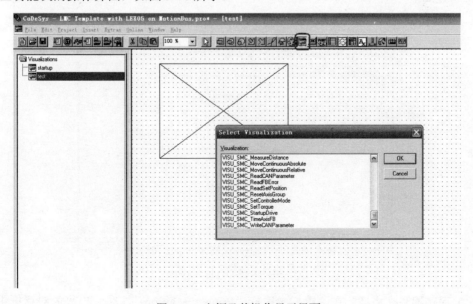

图 5-78　方框及其操作显示界面

以选择 VISU_MC_MoveVelocity 为例，如图 5-79 所示，双击该界面，单击"Visualization"选项卡中的"Placeholder"按钮，然后在弹出来的对话框中，单击"Replacement"下的第一行空白处，按"F2"快捷键，选择程序中对应 MC_MoveVelocity 的变量，如图 5-80 所示，确定之后，这样当程序运行时，便可以在此界面上对 MC_MoveVelocity 功能块的参数进行赋值和其他操作，如图 5-81 所示。

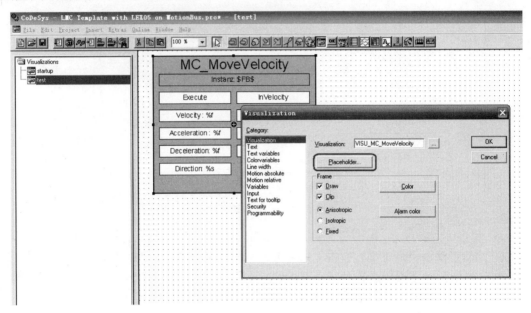

图 5-79　参数赋值

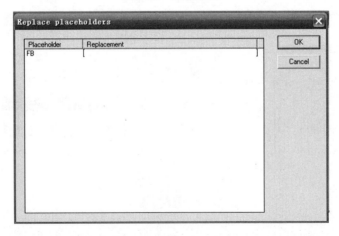

图 5-80　Replace placeholders

⑨ 程序编写完成后，在菜单栏中选择"Project→Options"，在弹出来的对话框中确认

"Build"选项下的"Treat LREAL as REAL"前面打上钩，如图 5-82、图 5-83 所示。

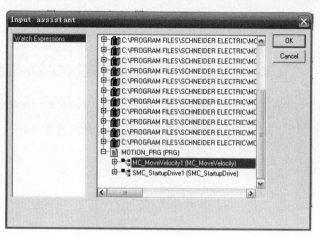

图 5-81　Input assistant

图 5-82　Options 选择

然后选择 Project→Rebuild all ，检验整个工程是否有错，如图 5-84 所示。

⑩ 当整个工程确认无误后，选择菜单栏 Online→Communication Parameters 对通信方式进行配置，可以选择以太网串口，如图 5-85 所示。

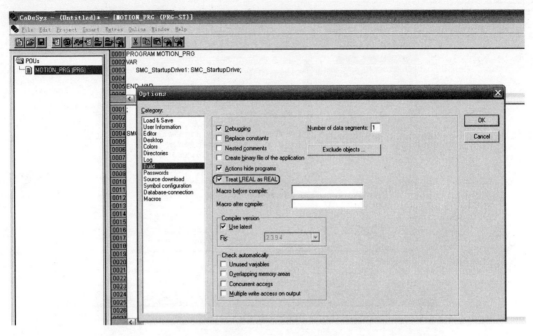

图 5-83　Options 设置

图 5-84　编译

图 5-85　通信参数设置

如图 5-86 所示，单击右边的"New"按钮可以新建一个新的通信方式。

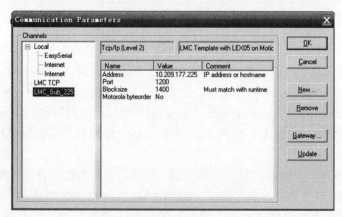

图 5-86　新建通信方式

单击"New"按钮，在弹出来的新对话框中，给新建的通信方式命名，如 Serial，然后在下面的三种方式中选择一种，如图 5-87 所示。

以串口波特率设置为例，如图 5-88 所示，双击"9600"，然后按键盘上的上下箭头选择合适的波特率即可，端口、校验位和停止位等参数的设置也可进行类似操作。

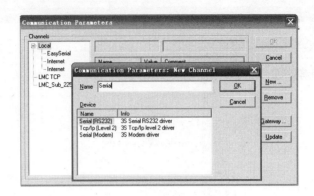

图 5-87　命名通信方式

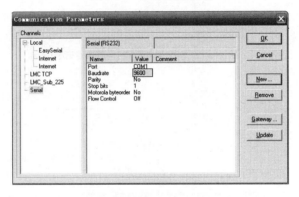

图 5-88　设置波特率

　　控制器第一次使用时，先通过串口方式连接，默认的参数为 38.4Kb/s，No Parity，One Stopbits，选择好参数后，单击"OK"按钮确认，然后，选择"Online→Login"连接下载。当连接上后，单击"Resources"选项卡，双击左边的"PLC- Browser"，单击右上角三个小数点的按钮，在弹出来的对话框中选择"mbusinf"可以显示控制器的 Modbus 总线参数，选择"ethinf"显示以太网参数，选择 ip，mask，gateway 对控制器的以太网参数进行设置，如图 5-89 所示。

　　每次选择 Online→Login 进行程序的下载，程序是下载到控制器的 RAM 中运行，掉电后程序会丢失。只有下载后再选择命令 Online→Create boot project 后，控制器重新启动后才会自动运行保存下来的程序。当然也可以通过以太网进行程序的传输，具体可以参见 CANopen 方式实现中的内容。

3. 应用实例

（1）实验目的

① 掌握 LMC20 MotionBus 总线通信的软硬件设置；

② 掌握 LMC20 与 Lexium 05 之间的 MotionBus 通信编程。

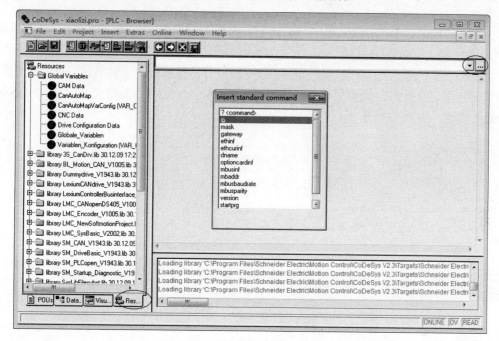

图 5-89　以太网参数设置

（2）实验要求

采用 MotionBus 总线通信方式，以 LMC20 控制 Lexium 05 伺服驱动器，创建一个可视化界面，包括"使能"、"加速"两个按钮，实现电机加速运转。

（3）设计方案

1）控制功能（表 5-11）

表 5-11　控制功能表

按钮名称	实现功能
使能	按钮按下，伺服电机使能，再次按下，电机去使能
加速	按钮按下，实现电机的启动，以 10m/s^2 加速度最终达到 100m/s 的速度

2）主要硬件设备

24V 电源模块 1 只，控制器采用 LMC20，伺服驱动器采用 Lexium 05A，伺服电机采用 BSH 系列，CANopen 电缆 1 条等。

（4）实验步骤

1）基本设置

按照 5.2.1 节"LMC20 中的设置"中的第 1 步新建一个工程。

2）程序编写

主要程序编写步骤如下：

① 删去 POUs 文件夹中 MOTION_PRG，根据前面参数的设置通信参数，新建一个 CFC 格式的 PLC_PRG 主程序。

② 插入模块 MC_Power 和 MC_MoveVelocity，并设置输入，具体方法可参见 5.2.1 节软件设置中所述。此外，如模块 MC_MoveVelocity 输入输出口功能定义等可通过 Library Manager 查看，如图 5-90 所示。

```
VAR_IN_OUT
    Axis: AXIS_REF;
END_VAR
VAR_INPUT
    Execute:BOOL:=FALSE;                    (*Start the motion at rising edge*)
    Velocity:LREAL:=0;                      (*Value of the maximum velocity (not necessarily reached) [u/s] *)
    Acceleration:LREAL:=0;                  (*Value of the acceleration (increasing energy of the motor) [u/s^2] *)
    Deceleration:LREAL:=0;                  (*Value of the deceleration (decreasing energy of the motor) [u/s^2] *)
(*  Jerk:LREAL:=0;                          Value of the Jerk [u/s^3]  *)
    Direction:MC_Direction:=current;        (*For modulo-axis *)
END_VAR
VAR_OUTPUT
    InVelocity:BOOL:=FALSE;                 (*Commanded position reached*)
    CommandAborted:BOOL:=FALSE;             (*Commanded motion was interrupted by any motion FB acting on the same axis except MoveSuperImposed *)
    Error:BOOL:=FALSE;                      (*Signals that Error has occured within Function block *)
    ErrorID:INT:=0;                         (*Error number*)
END_VAR
```

图 5-90　模块配置（1）

最终获得如图 5-91 所示的程序效果。

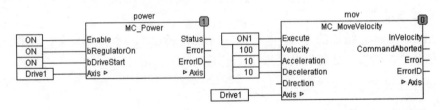

图 5-91　模块配置（2）

其中，Drive1 为设置的电机轴，ON 作为启动按键，使能驱动器，再通过按键 ON1 上升沿触发模块 MC_MoveVelocity，使得电机开始运行。为使控制可行，需要人机界面的控制，可以使用 Visualization 中的功能，通过添加两个按键，达到控制电机的目的。

（5）创建可视化界面

添加两个按键，双击打开第一个按键，可以通过"Colours"选项改变按键颜色，如图 5-92 所示。设置里面的"Variables"和"Input"选项卡，使里面参数变为 PLC_PRG.ON，这样设置的目的是在按下按键时改变变量，同时通过改变颜色直观地获得按键状态变化的信息。例如，按下"ON"按键，由状态 FALSE 变为 TRUE 达到启动驱动器的目的，另一个按键采用类似的设置，相应处参数变为 PLC_PRG.ON1。

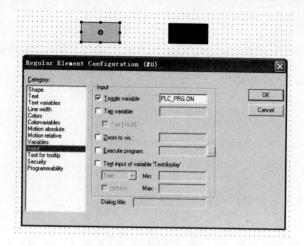

图 5-92 创建可视化界面

（6）下载运行

单击"Online→login"后，PC 会将程序烧入运动控制器，再单击"run"，就可通过软件中的可视化界面来控制电机。而如果单击"Online→login"后，进行"Create boot project"，完成后再单击"run"，则此后即使断电，程序还是会一直保持运行状态。

5.3 基于 Twido PLC 和 ATV71 的总线控制

施耐德电气 ATV71 变频器功能强大，广泛用于工业和基础建设中。在实际应用中，往往需要与其他工控设备如 PLC 进行多种方式的通信，以实现设备的总线控制。下面以 ATV71 变频器与 PLC 控制器的 Modbus 通信和 CANopen 通信为例进行介绍。

5.3.1 Modbus 总线控制方式的实现

1. Modbus 总线通信的硬件连接

（1）ATV71 上的连接

ATV71 变频器上集成的 Modbus 通道有两个物理通信端口，分别是 Modbus HMI 端口和 Modbus 网络端口。在前面板上的 RJ-45 连接器是 Modbus HMI 端口，可用于 Modbus 通信、图形显示终端或 Powersuite；在下方控制面板上的 RJ-45 连接器是 Modbus 通信和 CANopen 通信共用的网络端口，通常用来和 PLC 进行通信，其连接示意如图 5-93 所示。

（2）PLC 上的连接

此部分可参见 5.1.1 节中 Modbus 总线通信的硬件连接部分。

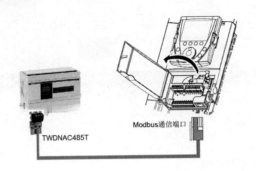

图 5-93　ATV71 和 Twido PLC 的 Modbus 通信连接

2．Modbus 总线通信的参数设置

（1）ATV71 变频器设置

变频器的初始化设置可参见 4.5.2 节中相应部分，此外，还要进行控制方式和通信参数两方面的设置。

1）控制方式设置

如果采用 Modbus 通信控制启停及速度给定，需要设置的主要参数见表 5-12。

表 5-12　主要参数设置

参数说明	值	功能描述
配置给定 1	ndb	通过 Modbus 总线给定
控制模式设置	SIN	SIN—组合，控制和频率给定由同一种方式设定； SEP—分离，控制和频率给定由不同的方式设定
电机缺相故障	No	带小电机试验时，禁止因为输出电流过小出现的电机缺相故障；一般在变频器最小输出电流大于电机额定电流时需要禁止电机缺相故障

图形显示终端的设置步骤如下。

① 配置给定 1 通道，如图 5-94 所示。

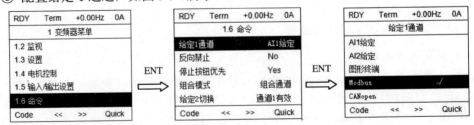

图 5-94　配置给定 1 通道

② 控制模式设置

本实验中控制和频率给定全部由通信给定，将控制模式设置为 SIN 组合模式，与出厂设置相同，如图 5-95 所示。

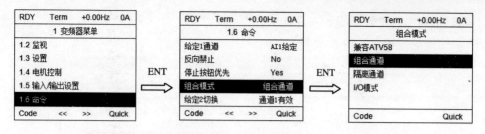

图 5-95 控制模式设置

③ 禁止电机缺相故障

当变频器最小输出电流大于电机额定电流时需要禁止电机缺相故障，此处应当禁止，如图 5-96 所示。

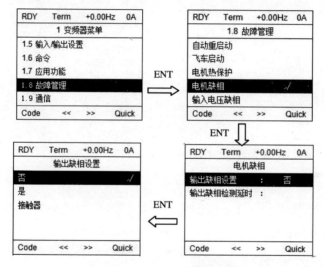

图 5-96 禁止电机缺相故障

2）通信参数设置

ATV71 变频器的 Modbus 通信参数设置需要与 PLC 中端口配置，以及 Modbus 的设置保持一致，需要设置的主要参数见表 5-13。

表 5-13 主要参数设置

参数说明	值	功能描述
从站地址	3	范围 1~247
通信速率	9600	4.8~4800b/s；9.6~9600b/s；19.2~19200 b/s
通信格式	8E1	8O1:8 个数据位，奇校验，1 个停止位
		8E1:8 个数据位，偶校验，1 个停止位
		8n1:8 个数据位，无校验，1 个停止位
		8n2:8 个数据位，无校验，2 个停止位

图形显示终端的设置步骤如下。

① 从站地址设置，如图 5-97 所示。

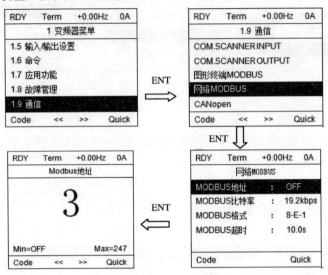

图 5-97　从站地址设置

② 通信速率设置，如图 5-98 所示。

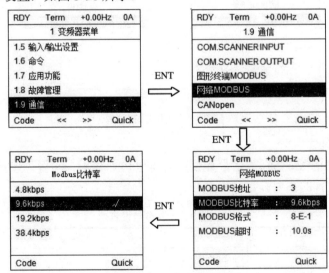

图 5-98　通信速率设置

③ 通信格式设置。

本例中将通信格式设置为 8 位数据位、偶校验、1 位停止位，即 8E1，与出厂设置相同，用户需根据实际需要进行设置，如图 5-99 所示。

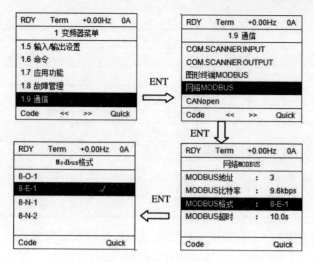

图 5-99 通信格式设置

注意：设置完毕后，关闭变频器电源再重新上电，参数设置才能生效！

（2）Twido PLC 中的设置

Twido 作为主站进行 Modbus 通信时，必须编写通信程序，而程序的编写是通过填写字表的方式进行的，Modbus 字表的详细阐述在 5.1.1 节中已经叙述过，在此不再详述。

ATV71 变频器在进行 Modbus 通信时，有四个内部寄存器用于修改和控制，表 5-14 列出通信中使用的变频器四个内部寄存器地址，以及对应功能。其中，ATV71 变频器实现 Modbus 通信控制的状态字和控制字每一位的意义说明见表 5-15。

表 5-14 变频器 Modbus 通信时用的内部寄存器表

类 型	地 址	代 码	说 明
读出变量	3201	ETA	状态字
	3202	rFr	输出频率
写入变量	8501	CMD	控制字
	8502	LFR	频率给定

表 5-15 变频器状态字和控制字表

位	状态字 ETA（W3201）	控制字 CMD（W8501）
Bit0	通电准备就绪/动力部分线电源挂起	上电/接触器控制
Bit1	通电/就绪	允许电压/允许交流电压
Bit2	运行被允许/运行	快速停车/紧急停车
Bit3	故障	允许操作/运行命令
Bit4	电压有效/动力部分线电源有电	保留＝0
Bit5	快速停动	保留＝0
Bit6	通电被禁止/动力部分线电源被禁止	保留＝0

续表

位	状态字 ETA（W3201）	控制字 CMD（W8501）
Bit7	报警	故障复位/确认故障
Bit8	保留＝0	暂停
Bit9	远程/通过网络给出的命令或给定	保留＝0
Bit10	达到目标/达到给定	保留＝0
Bit11	内部限值有效/给定超出限制	正转/反转
Bit12	保留＝0	可分配的
Bit13	保留＝0	可分配的
Bit14	通过 STOP 键停止	可分配的
Bit15	转动方向	可分配的

只需要在 Twido 程序中，对控制字和给定频率进行控制即可完成基本控制。

3．应用实例

（1）实验目的

① 掌握 Twido PLC 与 ATV71 之间的 Modbus 通信；

② 掌握 Modbus 总线通信的软硬件设置。

（2）实验要求

采用 Modbus 总线通信方式，以 Twido PLC 控制 ATV71 变频器来实现对三相异步电机的启动、停止、正转、反转、转速给定等基本功能。

① 正转：通过内部位%M 置位来实现电机正转；

② 反转：通过内部位%M 置位来实现电机反转；

③ 转速给定：通过改变内部字%MW 的值来实现电机以 200r/min 和 500r/min 运转；

④ 停止：通过内部位%M 置位来实现电机停转。

（3）设计方案

1）控制逻辑（表 5-16）

表 5-16　几种控制方式

控制方式	输　入　量	实现功能
正转	%M0	置位以实现电机正转
反转	%M1	置位以实现电机反转
转速给定	%MW57	改变内部字的值来实现电机以 200r/min 和 500r/min 运转
停止	%M0，%M1	复位以使电机停转

2）主要硬件设备

24V 开关电源 1 只，PLC 采用 TWDLCAE40DRF，通信模块采用 TWDNAC485T，变频器采用 ATV71，RJ-45 接头 Modbus 通信电缆 1 条，三相异步电机组 1 套等。

（4）实验步骤

1）基本设置

完成系统连线之后按照 5.3.1 节中相应部分进行系统的硬件连接和软件设置。

2）Twido PLC 编程

主要程序编写步骤如下：

① 总程序复位。

当设备断电或者重新启动后进行总程序的复位。进行此步后 PLC 内存存放的变量数值将被复位。热启动一般置为 0，下面将其置为 1，如图 5-100 所示。

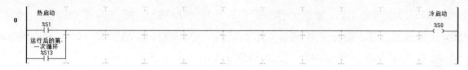

图 5-100　总程序复位

② 控制数据交换，如图 5-101 所示。

%MSGX：其中 X=1 或 2，分别表示控制器串口 1 或 2；R：输入复位，置为 1 时，通信重新初始化%MSGX.E=0 和%MSGX.D=1；%MSGX.D：通信完成输出；%MSGX.E：故障（出错）输出。

图 5-101　控制数据交换

③ 从变频器读数据，如图 5-102 所示。

%MW0=发送接收 01，发送长度 06（字节）；%MW=1 接收偏移 03，发送偏移 00；%MW2=从站地址 03，命令代码 03（读变量）；%MW3=起始变量 16#0C81（W3201）；%MW4=数据长度 2 字节。

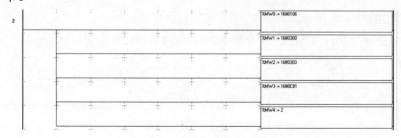

图 5-102　读数据

④ 通信状态：%MSG2.D=0：正在通信；%MSG2.D=1：完成通信；EXCHX：发送/接收报文；其中 X 为通信端口号（1 或 2）%MW0：9 发送从%MW0 开始的 9 个字，如图 5-103 所示。

图 5-103 通信状态

⑤ 对变频器写数据，如图 5-104 所示。

%MW50=发送/接收 01，发送长度 12（字节）；%MW51=接收偏移 00，发送偏移 07；%MW52=从站地址 03，命令代码 16（写变量）；%MW53=起始变量 16#2135（W8501）；%MW54=数据长度 2 字；%MW55=发送偏移值 00，写的字节数 04。

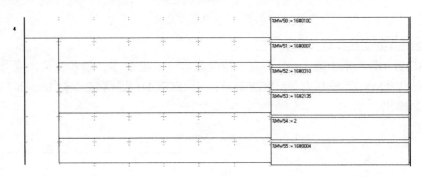

图 5-104 写数据

⑥ 通信状态：%MSG2.D=0：正在通信；%MSG2.D=1：完成通信；EXCHX：发送/接收报文；其中 X 为通信端口号（1 或 2），%MW50：11 发送从%MW50 开始的 11 个字，如图 5-105 所示。

图 5-105 通信状态

⑦ 赋值如图 5-106 所示。

ETA：状态字 3201；CMD：命令字 8501，取%MW127 为 ETA 低四位，%MW128 是 ETA 低 8 位。

图 5-106 赋值

⑧ 故障处理：故障 ETA=16#0008，复位 CMD=16#0080；ETA=16#40 或者 ETA=16#50，CMD=16#0006；ETA=16#21 或 ETA=16#31，CMD=16#0007；ETA=16#33，CMD=16#100F，如图 5-107 所示。

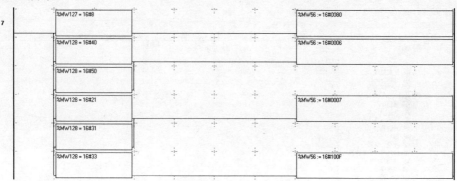

图 5-107　故障处理

⑨ 用通信给定启停，如图 5-108 所示。

%MW56 来控制启停；%MW57 来给定频率；%MW56=16#000F 为正转；%MW56=16#080F 为反转；%MW56=16#0007 为停车。

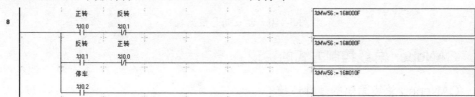

图 5-108　启停

⑩ 程序结束，如图 5-109 所示。

图 5-109　程序结束

3）动态数据表调试

在左侧导航栏中单击"动态数据表"，如图 5-110 所示，右侧的数据表中添加内部位地址%M0、%M1、%M2 和内部字地址%MW57 如图 5-79 所示。其中，%M0 代表正转，%M1 代表反转，%M2 代表停车，%MW57 中存储变频器测得的电机转速。

单击"切换动态显示"按钮，即可实时监视和控制 PLC 内部的变量值。

单击"运行"按钮。改变动态变量表中数值，分别实现对应功能。例如，当%M0=1，%M1=0，%MW57=200 时，电机以 200r/min 的速度正转；

当%M0=0，%M1=1，%MW57=500 时，电机以 500r/min 的速度反转；

当%M0=0，%M1=0，电机停转。

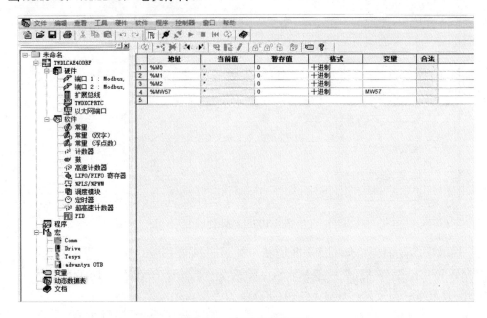

图 5-110　建立动态数据表

5.3.2　CANopen 总线控制方式的实现

1．CANopen 总线通信的硬件连接

（1）ATV71 上的连接

ATV71 与 Twido PLC CANopen 通信模块之间的连接如图 5-111 所示，一端的 SUBD9 孔连接头与 PLC 的通信模块相连，另一端的 RJ-45 头则与 ATV71 的 Modbus/CANopen 接口相连。

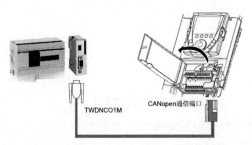

图 5-111　ATV71 和 Twido PLC 的 CANopen 通信连接

（2）PLC 上的连接

此部分可参见 5.1.2 节中 CANopen 总线通信的硬件连接部分。

2．CANopen 总线通信的参数设置

（1）ATV71 变频器中的设置

变频器的初始化设置与 4.5.2 节中的设置相同，可以参见相应部分。下面详细介绍 CANopen 通信相关的设置，主要包括控制方式和通信参数两个方面。

1）控制方式设置

如果采用 CANopen 通信控制启停及速度给定，需要设置的主要参数见表 5-17。

表 5-17　主要参数设置

参数路径	参数说明	值	功能描述
CTL-/FR1	配置给定 1	CAN	通过 CANopen 总线给定
CTL-/CHCF	控制模式设置	SIN	SIN—组合，控制和频率给定由同一种方式设定；SEP—分离，控制和频率给定由不同的方式设定
Flt-/OPL-/OPL	电机缺相故障	No	带小电机试验时，禁止因为输出电流过小出现的电机缺相故障；一般在变频器最小输出电流大于电机额定电流时需要禁止电机缺相故障

图形显示终端的设置步骤如下：

① 配置给定 1 通道，如图 5-112 所示。

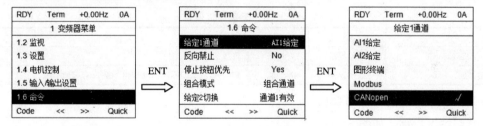

图 5-112　配置给定通道

② 控制模式设置，如图 5-113 所示。控制和频率给定全部由通信给定，将控制模式设置为 SIN 组合模式，与出厂设置相同，用户需根据实际情况进行模式选择。

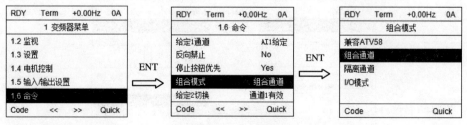

图 5-113　控制模式设置

③ 禁止电机缺相故障。当变频器最小输出电流大于电机额定电流时需要禁止电机缺相故障，此处应当禁止，如图 5-114 所示。

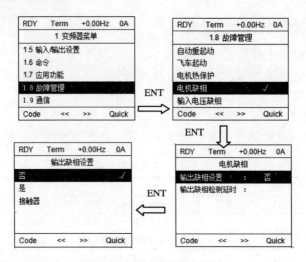

图 5-114 禁止电机缺相故障

2）通信参数设置

ATV71 变频器的 CANopen 通信参数设置需要与 Twido PLC 中的 TWDNCO1M 模块的设置保持一致，需要设置的主要参数见表 5-18。

表 5-18 主要参数设置

参数路径	参数说明	值	功能描述
CON-/CnO-/AdCo	从站地址	3	范围 1~127
CON-/CnO-/bdco	通信速率	500	50Kb/s，125Kb/s，250Kb/s，500Kb/s，1MKb/s

图形显示终端的设置步骤如下：

从站地址设置，如图 5-115 所示。

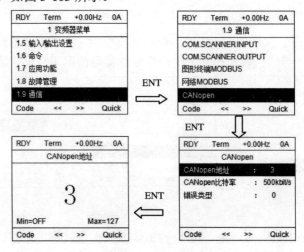

图 5-115 从站地址设置

通信速率设置，如图 5-116 所示。

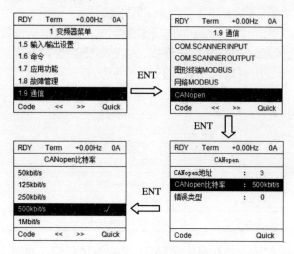

图 5-116　通信速率设置

注意：设置完毕后，关闭变频器电源再重新上电，参数设置才能生效。

（2）Twido PLC 中的设置

Twido PLC 的软件配置与 5.1.2 节中的配置基本相同，具体可参考相应部分。不同之处主要是导入的 EDS 文件不同。5.1.2 节中导入的是 Lexium 05 的 EDS 文件，本节中需要导入 ATV71 变频器的 EDS 文件。完成 EDS 文件导入之后继续进行如下设置。

1）声明从设备

如图 5-117 所示，目录中选择从设备 BASIC_ATV71（V1.0），单击向右的箭头加入网络，在网络中通过上下箭头移动从设备的位置地址（本设置从设备地址为 3，故位于第三个位置），波特率设为 500Kb/s，监督 300ms。

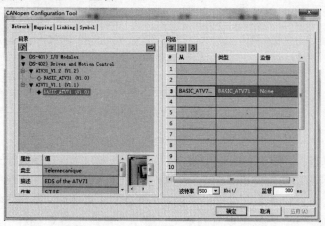

图 5-117　声明从设备 ATV71

2）PDO 组态设置

单击"Mapping"，配置发送和接收的 PDO 功能。

如图 5-118 所示，单击"Mapping"选项卡来配置已经声明从设备的 PDO 对象，在从设备的 PDO 对象和主模块之间建立物理连接。ATV71 变频器共支持 5 个 PDO 对象，其中，有 2 个接收对象和 3 个发送对象，见表 5-19。

表 5-19　ATV71 变频器对象

类　型	地　址	说　明
接收对象	6040	控制字（Controlword）
	6042	目标转速（Target Velocity）
发送对象	6041	状态字（Statusword ）
	6044	实际转速（Control Effort）
	603F	错误代码（Error Code）

注意：这里的发送和接收是相对于 ATV71 变频器来说的，而对于 PLC 控制器来说，它与变频器通信中需要提供 5 个变量。

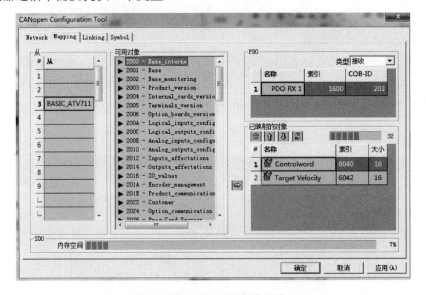

图 5-118　ATV71 对象索引表

3）链接 PDO

PDO 组态完成后，要将使用的从机链接到主机上去，当主 PDO 为传送时，把该 PDO 对象从左边添加到右边；当主 PDO 为接收时，把 PDO 对象添加至右边，如图 5-119 所示。

链接完成后，在 Symbol 页面下显示已用的 PDO 及其地址，如图 5-120 所示。此时，在"Symbol"选项卡中，已经可以看到定义了哪些变量。在 PLC 编程中，对以上 5 个变量进行监视和控制，即能对变频器进行控制。

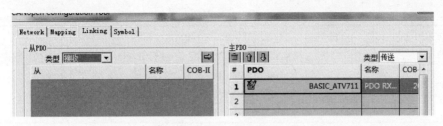

Network
Mapping
Linking
Symbol
从PDO
类型 接收
从
名称
COB-II
主PDO
类型 传送
#
PDO
名称
COB-
1
BASIC_ATV711
PDO RX...
2

图 5-119 “Linking”选项卡

CANopen Configuration Tool
Network
Mapping
Linking
Symbol
变量
从
对象
大小
存取
D_STATUS_BASIC_ATV711
BASIC_ATV711
Statusword
16
%IWC1.0.0
D_CONTROL_BASIC_ATV711
BASIC_ATV711
Control Effort
16
%IWC1.0.1
D_IERROR_BASIC_ATV711
BASIC_ATV711
Error code
16
%IWC1.0.2
D_COMMAND_BASIC_ATV711
BASIC_ATV711
Controlword
16
%QWC1.0.0
D_TARGET_BASIC_ATV711
BASIC_ATV711
Target Velocity
16
%QWC1.0.1

图 5-120　变量定义表

虽然此部分在连接过程中已设定为默认，但是这些连接设置和变量名定义是非常关键的。通过这一步骤，将 ATV71 变频器的几个关键的参数通过索引和物理连接的方法，定义为 Twido 中的变量参数。

3．应用实例

（1）实验目的

① 掌握 Twido PLC 与 ATV71 之间的 CANopen 通信；

② 掌握 CANopen 总线通信的软硬件设置。

（2）实验要求

采用 CANopen 总线通信方式，以 Twido PLC 控制 ATV71 变频器来实现对三相异步电机的启动、停止、正转、反转、转速给定等基本功能。

① 正转：通过内部位%M 置位来实现电机正转；

② 反转：通过内部位%M 置位来实现电机反转；

③ 转速给定：通过改变内部字%MW 的值来实现电机以 200r/min 和 500r/min 运转；

④ 停止：通过内部位%M 置位来实现电机停转。

（3）设计方案

1）控制逻辑

控制方式见表 5-20。

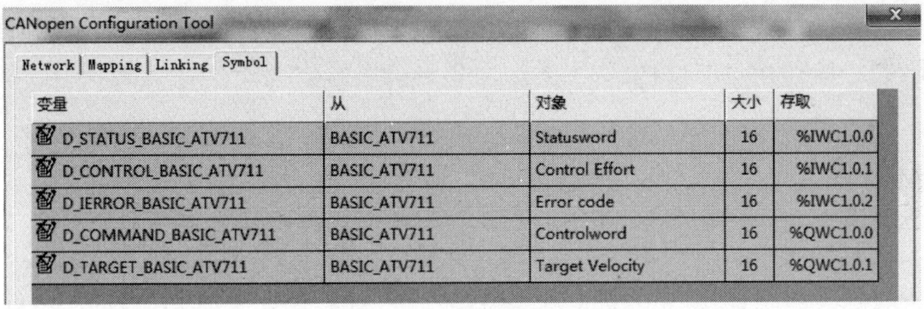

表 5-20　几种控制方式

控制方式	输　入　量	实现功能
正转	%M0	置位以实现电机正转
反转	%M1	置位以实现电机反转
转速给定	%MW203	改变内部字的值来实现电机以 200r/min 和 500r/min 运转
停止	%M0，%M1	复位以使电机停转

2）主要硬件设备

24V 开关电源 1 只，PLC 采用 TWDLCAE40DRF，通信模块采用 TWDNCO1M，变频器采用 ATV71，CANopen 通信电缆 1 条，三相异步电机组 1 套等。

（4）实验步骤

1）基本设置

完成系统连线之后按照 5.3.2 节中内容进行系统的硬件连接和软件设置。

2）Twido PLC 编程

程序主要由总程序复位、DRIVECOM 流程比较、通信给定启停和变频器 IO SCANNER 设定给定和读取速度几部分组成。主要程序编写步骤如下：

① 总程序复位：作用是当设备断电或者重新启动后进行总程序的复位，如图 5-121 所示。

图 5-121　总程序复位

② DRIVECOM 流程比较：利用内部字%MW200 读入变频器的状态字%IWC1.0.0，将其末尾的 8 位存储到%MW201 中。对状态字的末 8 位进行判断，分别做出故障处理或复位的操作，如图 5-122 所示。

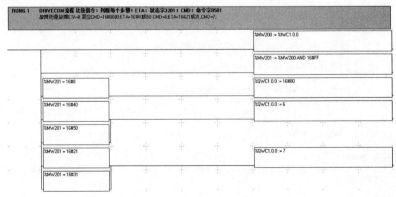

图 5-122　故障处理及复位

③ 通信给定启停：%M1 为 1，%M0 为 0 时正转，CMD=16#000F；%M1 为 0，%M0 为 1 时反转，CMD=16#080F；%M0 与 %M1 都为 0 时停车，CMD=16#7，如图 5-123 所示。

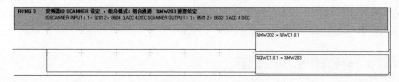

图 5-123　启停给定

④ 变频器 IOSCANNER 设定给定和读取速度：通过 %MW202 读取速度，%MW203 给定速度。在 5.2.2 节中的图 5-28 CANopen Configuration Tool 中 "Mapping" 选项卡中可以看到 %IWC1.0.1 和 %QWC1.0.1 的定义，如图 5-124 所示。

图 5-124　给定和读取速度

3）动态数据表调试

在左侧导航栏中单击 "动态数据表"，如图 5-125 所示，右侧的数据表中添加内部位地址 %M0，%M1 和内部字地址 %MW202，%MW203。其中，%M0 代表正转，%M1 代表反转，%MW202 中存储变频器测得的电机转速，%MW203 代表 PLC 给变频器的给定转速。

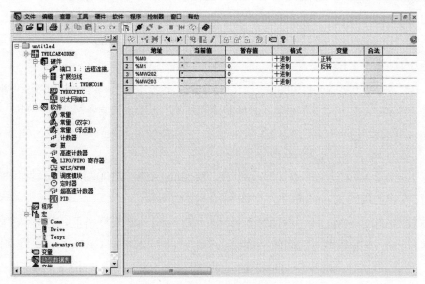

图 5-125　动态数据表调试

单击"切换动态显示"按钮，即可实时监视和控制 PLC 内部的变量值。

单击"运行"按钮，改变动态变量表中数值，分别实现对应功能。例如：

当%M0=1，%M1=0，%MW203=200 时，电机以 200r/min 的速度正转；

当%M0=0，%M1=1，%MW203=500 时，电机以 500r/min 的速度反转；

当%M0=0，%M1=0，电机停转。

5.4 基于 LMC20 和 ATV71 的总线控制

1．CANopen 总线通信的硬件连接

（1）变频器 ATV71 上的连接

此部分可参见 5.3.2 节中相应部分。

（2）LMC20 上的连接

此部分可参见 5.2.1 节中相应部分。

2．CANopen 总线通信的参数设置

（1）变频器 ATV 71 上的设置

为了使用 CANopen 通信控制电机，需要对变频器在控制方式和通信参数两方面进行设置。与 5.3.2 节中的设置相同，可以参见相应部分。

（2）LMC20 中的设置

为了能通过 CANopen 总线控制变频器，还需要在 CoDeSys 软件中进行一些设置。

① 利用模版新建一个工程。具体参见 5.2.1 节"LMC20 中的设置"中的第 1 步。

② 删除"Resources"选项卡 PLC Configuration 中的 BusInterface。具体参见 5.2.1 节"LMC20 中的设置"中的第 2 步。

③ 右击"Lexium 05 Controller V01"，单击弹出菜单中的"Append Subelement"，改选"CANopen Master"，出现 CANopen Master[VAR]，右击"CANopen Master[VAR]"，单击弹出菜单中的"Append Subelement"，在其下添加一个子元件 TE_Motion_ATV71_V1007，并给子元件命名为 Bpq，如图 5-126 所示。

④ 在 Library Manager 中添加库文件 BL_Motion_ATV_V1007.lib，编写程序时，控制变频器运行模式的模块即在此库文件中，如图 5-127 所示。

⑤ 设置 CANopen Master 中 CAN parameter 的 baud rate 波特率值，须和 ATV 71 变频器中的 CANopen 波特率相同。例如，假设 ATV 71 变频器中的 CANopen 比特率的设置为 500 Kb/s。那么，CAN parameter 的 baud rate 值应设为 500 Kb/s，如图 5-128 所示。

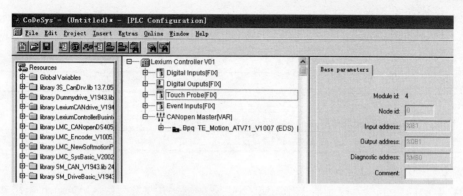

图 5-126　添加变频器

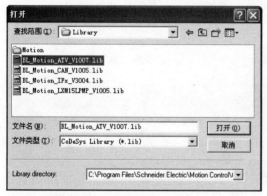

图 5-127　添加变频器相应的库文件

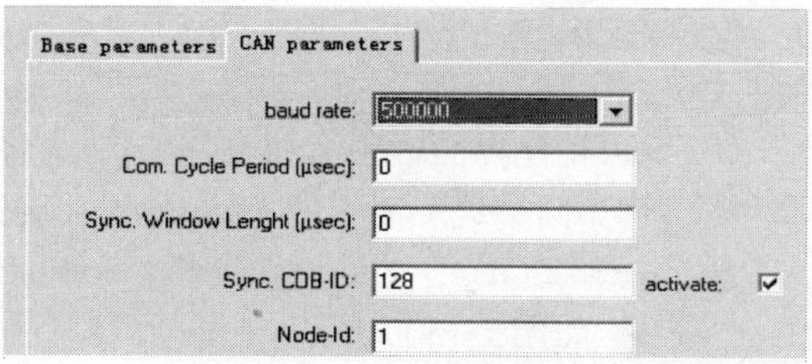

图 5-128　设置波特率

⑥ 最后，Bpq TE_Motion_ATV71_V1007 所对应的 CAN parameters 中 Node ID 也须和 ATV 71 变频器中的 CANopen 地址设置相同，假设 ATV 71 变频器中的 CANopen 地址设置为 3，那么，CAN parameters 中的 Node ID 值也要设为 3。这样才能保证 LMC20 通过 CANopen 总线控制变频器，如图 5-129 所示。

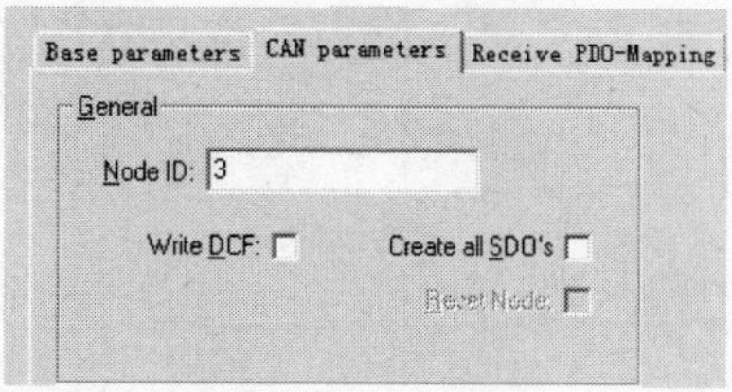

3．应用实例

（1）实验目的

① 掌握 LMC20 CANopen 总线通信的软硬件设置；

② 掌握 LMC20 与 ATV 71 之间的 CANopen 通信编程。

图 5-129　设置 Node ID

（2）实验要求

采用 CANopen 总线通信方式，以 LMC20 控制 ATV71 变频器，创建一个可视化界面，包括"使能"、"正转"、"反转"三个按钮，分别实现对电机的运转控制。

（3）设计方案

1）控制功能（表5-21）

表5-21　几种控制方式

控制方式	实现功能
使能	按钮按下后，变频器使能，再次按下后，变频器去使能
正转	按钮按下后，电机以100r/min的速度正转运行，再次按下"正转"按键后，电机停转
反转	按钮按下后，电机以100r/min的速度反转运行，再次按下"反转"按键后，电机停转

2）主要硬件设备

24V电源模块1只，控制器采用LMC20，变频器采用ATV71，CANopen电缆1条，网线2条，交换机1只，三相异步电机组1套等。

（4）实验步骤

1）基本设置

按照5.4.2节中"CANopen总线通信的软件设置"部分新建一个工程。

2）程序编写

主要程序编写步骤如下：

① 将可视化界面中图形删去，POUs文件夹中MOTION_PRG也可删去，若没有删去，则注意要将第四个选项卡中的Task configuration中Motiontask改成自己新建的PLC_PRG。

② 右击"POUs"文件夹，选择"add objects"，选择"Program"，"CFC"语言，单击"OK"按钮，如图5-130所示。它可以调用任何用户自己定义的或库中原有的功能块（FB），用户可以添加连线把各个FB联系起来实现不同功能，也可任意添加输入与输出单元。

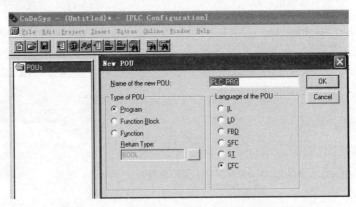

图5-130　创建CFC语言的程序块（PRG）

③ 编写PLC_PRG模块。右击页面下方空白处，右击添加"BOX"，在添加的"BOX"中单击中间的"AND"，使之整个变为蓝色，按"F2"，选择"Standard Function Blocks"，找到BL_Motion_ATV_V1007.lib，双击之后找到模块MC_Power_ATV，如图5-131所示。

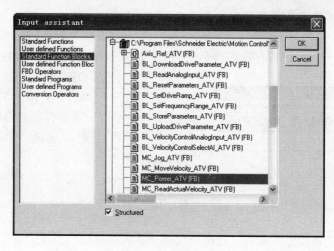

图 5-131　在 PLC_PRG 中添加 MC_Power_ATV

　　将得到的模块上的 "???" 自行命名（本例中用 Power）。改好后在弹出的对话框中直接单击 "OK" 按钮，完成这个模块的添加，按照上述的方法将 MC_Jog_ATV 模块加入，将其命名为 Jog。在两个模块前的 Axis 上加 Input，其变量名字改为 Bpq（与 PLC Configuration 中命名的相同），表示变频器，直接取消弹出的对话框。另外在 Enable 前加 BOOL 型全局（VAR_GLOBAL）型的变量 ON，注意 Symbol list 一栏选 Globale_Variablen，它用于使能变频器。最后在 MC_Jog_ATV 前的 Forward，Backward，Velocity 前分别加入 bool 型变量 f，b 和常数 100（表示电机转速），得到最终的 PLC_PRG 模块，如图 5-132 所示。

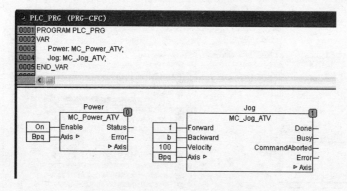

图 5-132　PLC_PRG 的模块整体图

　　④ 编译程序，单击 "Project" 中的 "Build" 使结果最终显示 0 errors，如果有错则根据错误信息进行修改，直到无错误为止。

　　3）创建可视化界面

　　变频器通过一个按钮 "使能" 来使能及去使能，另外通过两个按钮 "正转" 按钮，"反转" 按钮改变运行方向，我们将在可视化界面中把这些按钮画出，也将 MC_Power_ATV

和 MC_Jog_ATV 的可视化模块画出，这样可观察到 Enable，Status，Busy 等各变量的状态。

单击页面左下角第三个按钮，"Visualization"，右击出现的"Visualizations"，选择，"Add Objects"，为新的可视化界面命名，例如，Observation，如图 5-133 所示。

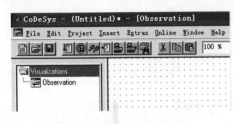

图 5-133　创建可视化界面

单击工具栏"OK"按钮左边的按钮，左键按住不放画出一方框，在弹出的对话框中选择 MC_Power_ATV，就会弹出其可视化图形。

双击所得图形后单击"Placeholder"，在"Replace"下方单击后按"F2"，选择"PLC_PRG"中的 MC_Power_ATV 元件，则将此可视化图形与程序中的元件相关联。

同理画出另外一个方框，选择 MC_Jog_ATV，并在 Placeholder 中做类似的操作，这两个可视化界面添加后，当使能正确时，可以观察到 Enable 及 Status 会显示正确的颜色，而 Velocity 后面则会显示当前目标速度。

单击箭头右边矩形添加按钮，双击打开按钮，Text content 中写"使能"以便于记忆。"Input"选项卡中选中"Toggle variable"，点中其后面的框，按"F2"，选择"Gloable_Variablen"中的 On 变量，如图 5-134 所示，同理 Variables 中 Change Color 中也按此方法操作。"Colors"选项中可将警报颜色与原来颜色设为不同，例如，将原来颜色设为绿色，警报颜色设为红色，从而容易看出按钮是否被按下，以判断电机是否被使能。

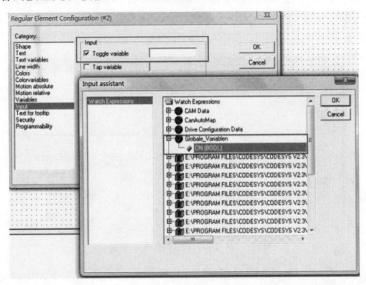

图 5-134　设置按钮的"Toggle variable"属性

然后用类似的操作将按钮"正转"与变量 f 联系起来，将按钮"反转"与变量 b 联系起来。

最终可得到如图 5-135 所示的可视化界面。

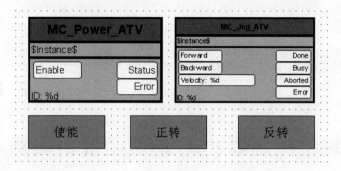

图 5-135　最终完成的可视化界面

4）下载运行

单击"Online→login"后，PC 会将程序烧入运动控制器，再单击"run"，就可通过软件中的可视化界面来控制变频器。而如果单击"Online→login"后，进行"Create boot project"，完成后再单击"run"，则此后即使断电，程序还是会一直保持运行状态。

小　结

本章详细介绍了基于施耐德电气比较典型的运动控制平台设备的总线控制实现，主要包括基于 Twido PLC、Lexium 05、ATV71 的 Modbus、CANopen 总线控制实现和基于LMC20、Lexium 05、ATV71 的 CANopen、MotionBus 总线控制实现等内容，每一部分均从硬件连接、参数设置和具体实现案例三部分进行阐述，使学生能系统地掌握典型总线控制方式的具体实现。

第6章

基于可编程控制器 PLC 的典型应用案例

6.1 电梯控制演示系统

6.1.1 案例引言

电梯现在已经是高层宾馆、商场、住宅、多层仓库等建筑不可缺少的垂直方向的交通运输工具，给现代人们的生活提供很大的便利。目前，由可编程控制器或微型计算机组成的电梯运行逻辑控制系统正飞速发展，应用越来越广泛。本案例就是基于施耐德电气的可编程控制器、伺服驱动器、伺服电机等设备，设计搭建了一套电梯智能控制演示系统。

6.1.2 方案设计

1. 系统功能

本系统模拟高度为 6 层的单部电梯控制，通过自制的电梯物理模型，模拟实际电梯的运行工况，系统所实现功能如下：

（1）电梯状态的初始化

无论电梯处于哪个位置，回到 1 楼并初始化按钮、楼层信息显示等相关信号，期间需要保证电梯门关闭。

（2）多层呼叫顺序响应

多楼层同时呼叫，按照现实中电梯的逻辑逐个进行响应。例如，本来运行状态向上的，响应完所有向上的呼叫，然后才响应向下的呼叫。

（3）显示

当前楼层显示：在人机界面中，有相应的信号灯显示当前前往的楼层（如上升状态中，在二、三层之间，则显示第三层）；

上升下降状态显示：在人机界面中，上升或下降时对应的指示箭头会亮。

（4）楼层停顿及开关门

在需要停的楼层停顿一段时间，并进行自动开关门。

（5）开门延时

每次按下按钮，首先响应开门延时，能够延长开门时间，开门程序响应结束后，再响应其他呼叫。

（6）安全策略

如果发生掉电、电机拒绝响应等问题，能够有一定的控制策略和处理措施。

在该模拟系统中，用伺服驱动器来控制伺服电机的启动、停止，以及运转速度，以此来模拟单部电梯运行；用 PLC 编程，控制伺服驱动器的运行，它通过总线与触摸屏、伺服驱动器相连，最终实现通过人机界面控制电机。其中，电梯内部楼层按钮、外部上下按钮及电梯运行指示灯，都可以在人机界面上模拟。

2．硬件组成

（1）系统硬件总体结构

电梯控制系统采用总线控制，实现对单部电梯的运行控制。该系统的硬件设备主要包括触摸屏、PLC、伺服驱动器、伺服电机、总线连接器等。触摸屏和 PLC 之间通过 Modbus 协议进行通信，PLC 和伺服驱动器之间通过 CANopen 总线进行通信。系统的结构如图 6-1 所示。

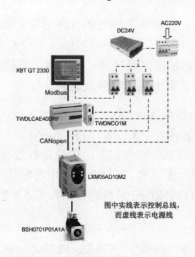

图 6-1　电梯控制平台系统结构图

1）各设备主要作用

① 触摸屏 XBT GT 2330（1 个）：用于电梯内部楼层按钮、外部上下按钮的模拟，电梯运行状态的显示。

② 可编程控制器 TWDLCAE40DRF（1 个）：是进行信号逻辑处理的主要部分，用 Twidosoft 软件进行编程，可以从触摸屏获得输入信号，处理后的输出信号通过总线传输给伺服驱动器，以控制伺服电机的运行。

③ CANopen 模块 TWDNCO1M（1 个）：可以在伺服驱动器之间实现 CANopen 通信。

④ 伺服驱动器 LXM05AD10M2（1 台）：接收 Twido PLC 所传来的信号，进行伺服驱动，驱动伺服电机。

⑤ 伺服电机 BSH0701P01A1A（1 台）：接在伺服驱动器的输出端，实现启动、停止、转速变化等，用于模拟电梯运行。

⑥ 3P 漏电保护断路器（1 只）：220V 的交流电的总开关，给伺服驱动器和开关电源供电。

⑦ 24V 开关电源（1 个）：将 220V 的交流电转化为 24V 的直流电，为触摸屏、PLC 及伺服驱动器提供工作电源。

⑧ 2P 断路器（4 只）：24V 直流电开关，分别给 HMI、PLC、Lexium 05 提供直流电源。

⑨ 光电开关（1 只）：电梯门开关信号传感器，检测到乘客后发信号给 PLC，模拟电梯开关门。

⑩ Modbus 电缆：连接触摸屏与 PLC，实现它们之间的信号传递。

⑪ CAN 总线电缆：连接 PLC 的 CANopen 模块与伺服驱动器。

⑫ 模拟电梯模型。

2）系统工作过程

触摸屏作为人机交互界面，接收人为输入的各种运行要求，然后经 Modbus 总线传给 PLC；PLC 读取从触摸屏获得的信号，运算后将控制信号经 CANopen 总线传送给伺服驱动器 Lexium 05，同时把系统状态反馈给触摸屏；伺服驱动器接收 PLC 的动作信号，解析后发出控制信号给伺服电机，以实现电机的起停及运转。

（2）触摸屏和可编程控制器的 Modbus 总线连接

通过 Modbus 通信电缆将触摸屏的 COM2 口和 Twido PLC 的 Modbus 口连接。如果可编程控制器与人机界面没有连接上，则人机界面中变量标签按钮中会出现报警标志，此时应该检查两器件通信参数是否设置正确，或检查程序中与触摸屏中按钮地址是否设置一样。可编程控制器和伺服驱动器的 CANopen 总线连接请参见 5.1.2 节中相应部分。

3. 参数配置及软件设计

系统的通信设置包括两部分：触摸屏与 Twido PLC 之间的通信设置； Twido PLC 与伺服驱动器 Lexium 05 之间的通信设置。只有当两端的设置相匹配时才能实现它们之间的通信。

（1）HMI 参数配置

新建工程的方法可以参见 4.1.3 节"4. 实验步骤（1）创建工程"中的内容，在创建工程完成之后，导航器中的 I/O 管理器中会出现子选项"ModbusRTU01"，如图 6-2 所示，右击此选项，单击配置，打开一个驱动程序配置的对话框。要将 COM 口设为 COM2，传输速率设为 19 200，校验位设为无，下载方式为 USB，如图 6-3 所示。

再双击子选项"ModbusRTU01"下方的子选项"Modbus-RTU01"，在弹出的界面中，将设备地址中从设备的地址设为 1，并且勾上 IEC61131 语法（这样才能在变量的设备地址中选择如%MW3:X4 型的地址），如图 6-3 所示。

图 6-2　I/O 管理器配置子选项窗口

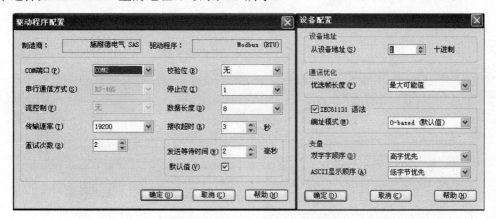

图 6-3　人机界面的通信参数设置

（2）伺服驱动器的参数设置

Lexium 05 驱动器中 CAN 模式下波特率 Cobd 的设置为 500 Kb/s，CoAd 设为 1。设置的详细流程图可以参见 5.1.1 节相应部分。

（3）PLC 通信参数设置

PLC 的通信配置包括两个方面：与触摸屏的 Modbus 通信及与伺服驱动器的 CANopen 通信。

1）Modbus 通信

Modbus 通信首先添加模块，方法可参见 5.1.1 节中相应部分，需要对端口 2 进行配置：类型设为 Modbus，地址设为 1，波特率设为 19 200，如图 6-4 所示。

2）CANopen 通信

CANopen 通信配置参见 5.1.2 节中相应部分。本案例是单部电梯控制，因此，只需要添加一部电机即可，如图 6-5 所示。

图 6-4   PLC Modbus 通信参数配置

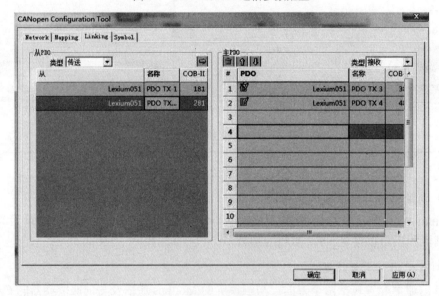

图 6-5   单台伺服驱动器的 PDO 映射

（4）HMI 功能设计

1）图形画面

人机界面采用单界面，该界面主要分为 6 部分，设计画面如图 6-6 所示。

① 模拟电梯内部按钮部分：最左侧 6 个正方形为电梯内部按钮。可以根据目标楼层选按所需的按钮，未按下时显灰色，按下后直到到达该楼层前显红色，到达后恢复灰色；

② 模拟电梯外各楼层按钮部分：右边 10 个灰色边框带三角形的按钮为各楼层的按钮。

在相应楼层的可根据需要上行或者下行选按所需按钮。未按下时显灰色，按下后直至电梯到达前显红色，电梯到达后恢复灰色；

③ 启动按钮部分：中间下方的绿色按钮为启动电梯的开关，按下后对电梯进行初始化；

④ 位置显示部分：中间上方 6 个灰框红色指示灯可以指示当前电梯所在楼层。当前电梯所在的楼层显红色，不在的楼层显灰色；

⑤ 方向显示部分：正中两个正方形指示灯可以显示电梯当前运动方向。方向与电梯运动方向相同的三角形显示为红色，否则显示为灰色，如果电梯停在某楼层并且电梯内外都没有呼叫信息时，两个指示灯都显示灰色；

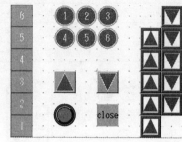

⑥ 状态显示部分：中间下方的指示灯为状态显示部分。电梯处于某楼层并且门处于打开状态时，显示为红色；当电梯门关上时，无论是否运动，都显示为灰色。

图 6-6 电梯控制界面设计示意图

2）变量定义

人机界面涉及的所有变量都是外部整型变量，通过变量标签与连接的 PLC 进行通信，以获取 PLC 的实时数据。变量定义见表 6-1。

表 6-1 变量定义表

名　　称	数据类型	数据源	对应 PLC 地址	对应按钮及功能
first_up	离散型	外部	M161	当 1 楼有用户需要上行时置位
second_up	离散型	外部	M162	当 2 楼有用户需要上行时置位
second_down	离散型	外部	M170	当 2 楼有用户需要下行时置位
third_up	离散型	外部	M163	当 3 楼有用户需要上行时置位
third_down	离散型	外部	M169	当 3 楼有用户需要下行时置位
fourth_up	离散型	外部	M164	当 4 楼有用户需要上行时置位
fourth_down	离散型	外部	M168	当 4 楼有用户需要下行时置位
fifth_up	离散型	外部	M165	当 5 楼有用户需要上行时置位
fifth_down	离散型	外部	M167	当 5 楼有用户需要下行时置位
sixth_down	离散型	外部	M166	当 6 楼有用户需要下行时置位
open_close	离散型	外部	M0	电梯门打开时被置位，门关闭时被复位
to_1	离散型	外部	M11	电梯内部有用户需要去第 1 层时被置位
to_2	离散型	外部	M12	电梯内部有用户需要去第 2 层时被置位
to_3	离散型	外部	M13	电梯内部有用户需要去第 3 层时被置位
to_4	离散型	外部	M14	电梯内部有用户需要去第 4 层时被置位
to_5	离散型	外部	M15	电梯内部有用户需要去第 5 层时被置位
to_6	离散型	外部	M16	电梯内部有用户需要去第 6 层时被置位
show_up	离散型	外部	M1	电梯上升时根据 PLC 指令被置位或复位
show_down	离散型	外部	M2	电梯下降时根据 PLC 指令被置位或复位

续表

名　称	数据类型	数据源	对应 PLC 地址	对应按钮及功能
show_1	离散型	外部	MW0:X1	电梯当前位于 1 楼
show_2	离散型	外部	MW0:X2	电梯当前位于 2 楼
show_3	离散型	外部	MW0:X3	电梯当前位于 3 楼
show_4	离散型	外部	MW0:X4	电梯当前位于 4 楼
show_5	离散型	外部	MW0:X5	电梯当前位于 5 楼
show_6	离散型	外部	MW0:X6	电梯当前位于 6 楼

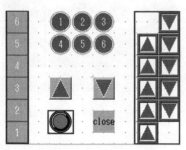

图 6-7　按钮及指示灯编号

3）按钮设计

人机界面中选中部分为按钮，具体如图 6-7 所示。

① 左边按钮 1～6，以按钮 1 为例：绑定变量 to_1，单击后将变量 to_1 置位，并以 to_1 为指示灯，前景色在 to_1 为 OFF（to_1 为 0）时为灰色，在 to_1 为 ON（to_1 为 1）时为红色，标签为静态类型，标签文本为"1"；其余按钮 2～6 如此类推分别对应变量 to_2 到 to_6。

② 右边 10 个按钮，以 1 楼向上的按钮为例：绑定变量 first_up，单击后将变量 first_up 置位，并以 first_up 为指示灯，前景色在 first_up 为 OFF（first_up 为 0）时为灰色，在 first_up 为 ON（first_up 为 1）时为红色；其余按钮如此类推。

③ 中间绿色按钮：绑定变量 start，单击后将变量 start 翻转，并以 start 为指示灯，前景色在 start 为 OFF（first_up 为 0）时为绿色，在 first_up 为 ON（first_up 为 1）时为红色。

4）指示灯的设计

人机界面中未被选中部分均为指示灯，具体如图 6-7 所示。

① 上方指示灯 1～6，以指示灯 1 为例：绑定变量 show_1，以变量 show_1 作为指示灯，前景色在 show_1 为 OFF（show_1 为 0）时为灰色，在 show_1 为 ON（show_1 为 1）时为红色，标签类型为静态，标签文本为"1"；其余可依次类推。

② 向上指示灯：以变量 show_up 作为指示灯，前景色在 show_up 为 OFF（show_up 为 0）时为灰色，在 show_up 为 ON（show_up 为 1）时为红色。

③ 向下指示灯：以变量 show_down 作为指示灯，前景色在 show_down 为 OFF（show_down 为 0）时为灰色，在 show_down 为 ON（show_down 为 1）时为红色。

④ 开门指示灯：以变量 open_close 作为指示灯，标签类型为 ON/OFF，在 open_close 为 OFF（open_close 为 0）时前景色为灰色，标签文本为"close"，在 open_close 为 ON（open_close 为 1）时前景色时为红色，标签类标签文本为"open"。

（5）PLC 功能设计

PLC 程序的设计主要包括以下几个部分：

① 程序的初始化；

② 电机位置的判断；

③ 电机到达目标位置后的逻辑；

④ 电机重新启动后的目标位置；

⑤ 电机的驱动程序。

详细编程将在后面讲述，设计中主要用到的变量定义见表 6-2。

表 6-2　Twido PLC 所使用的主要变量

变　　量	类型说明	功　　能
MW0:X1	电平触发	电梯目前处于 1 楼
MW0:X2	电平触发	电梯目前处于 2 楼
MW0:X3	电平触发	电梯目前处于 3 楼
MW0:X4	电平触发	电梯目前处于 4 楼
MW0:X5	电平触发	电梯目前处于 5 楼
MW0:X6	电平触发	电梯目前处于 6 楼
MW0:X7	电平触发	电梯目前处于 1～2 楼
MW0:X8	电平触发	电梯目前处于 2～3 楼
MW0:X9	电平触发	电梯目前处于 3～4 楼
MW0:X10	电平触发	电梯目前处于 4～5 楼
MW0:X11	电平触发	电梯目前处于 5～6 楼
MW7:X1	脉冲触发	电梯最近一次停靠的位置在 1 楼
MW7:X2	脉冲触发	电梯最近一次停靠的位置在 2 楼
MW7:X3	脉冲触发	电梯最近一次停靠的位置在 3 楼
MW7:X4	脉冲触发	电梯最近一次停靠的位置在 4 楼
MW7:X5	脉冲触发	电梯最近一次停靠的位置在 5 楼
MW7:X6	脉冲触发	电梯最近一次停靠的位置在 6 楼
M11	脉冲触发	电梯的目标位置在 1 楼
M12	脉冲触发	电梯的目标位置在 2 楼
M13	脉冲触发	电梯的目标位置在 3 楼
M14	脉冲触发	电梯的目标位置在 4 楼
M15	脉冲触发	电梯的目标位置在 5 楼
M16	脉冲触发	电梯的目标位置在 6 楼
M1	脉冲触发	当前运行向上
M2	脉冲触发	当前运行向下
M57	电平触发	（由电机返回）电梯目前在 1 楼
M56	电平触发	（由电机返回）电梯目前在 1～2 楼
M55	电平触发	（由电机返回）电梯目前在 2 楼

续表

变　量	类型说明	功　能
M54	电平触发	（由电机返回）电梯目前在 2～3 楼
M53	电平触发	（由电机返回）电梯目前在 3 楼
M52	电平触发	（由电机返回）电梯目前在 3～4 楼
M51	电平触发	（由电机返回）电梯目前在 4 楼
M50	电平触发	（由电机返回）电梯目前在 4～5 楼
M49	电平触发	（由电机返回）电梯目前在 5 楼
M48	电平触发	（由电机返回）电梯目前在 5～6 楼
M47	电平触发	（由电机返回）电梯目前在 6 楼
M0	电平触发	开关门信号

注意：电平触发的意思是，程序中需要不断地进行判断，以确认该变量目前的状态。脉冲触发的意思是，程序中遇到某种情况后，即把变量置位且保持该状态，直到另外的事件使其复位。

由于人机界面使用了外部变量，因此，其变量与 PLC 中的变量定义需要一致。

6.1.3　系统实现

1．Twido PLC 编程实现

Twido PLC 逻辑算法部分是程序的核心部分，用于进行逻辑判断，以及生成控制信号。控制程序主要分为几个模块，以下按照部分主要程序的执行顺序逐一阐述。

（1）电梯的初始化程序

见示例程序的 RUNG0-3，程序所做的工作是，取消之前的所有按钮信号（RUNG0-2），并且对电机进行锁定（RUNG3），目的是使电梯到达 1 楼位置，如图 6-8 所示。

图 6-8　电机的初始化

（2）电机运行状态判断

判断电机最近一次停靠的位置在哪里，以决定人机界面中的"当前楼层"如何显示，

见程序的 RUNG4-9。以 RUNG5 为例，其逻辑：如果电机当前在 2 楼，或者在 1～2 楼之间并且在向下运行，或者在 2～3 楼之间向上运行，则最近停靠的楼层为 2 楼，如图 6-9 所示。

图 6-9　电机运行状态判定

（3）电梯到达楼层后的逻辑判断

见程序的 RUNG48-91，这部分程序主要是判断电梯到达楼层后，应该进行哪些操作。程序显然地分为了 6 个部分，这里以第二部分（电梯处于 2 楼时的逻辑判断）进行说明，对应程序的 RUNG53-60。

RUNG53：电梯已处于 2 楼，开门 MW5:X1，成功开门（M0）后取消内部 2 楼呼叫信号，如图 6-10 所示。

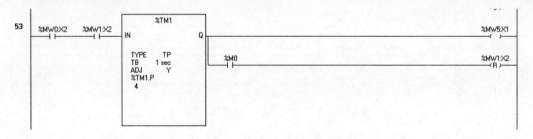

图 6-10　电梯到达楼层后的逻辑判断（1）

RUNG54：电梯由 1 楼至 2 楼，开门 MW5:X2，成功开门后取消外部 2 楼呼叫向上信号，如图 6-11 所示。

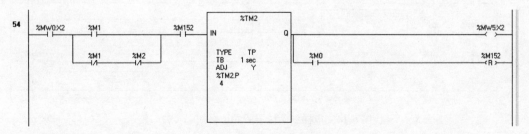

图 6-11　电梯到达楼层后的逻辑判断（2）

RUNG55：与 RUNG54 类似，对应由 3 楼下至 2 楼的情况，如图 6-12 所示。

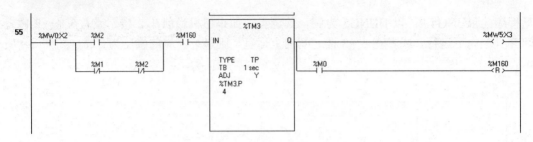

图 6-12　电梯到达楼层后的逻辑判断（3）

RUNG56：3～6 楼已经没有信号则取消"当前运行为上"的信号 M1，1 楼没有信号则取消 M2；在 M1，M2 均没有信号的前提下，如果 3～6 楼有信号，则恢复 M1 信号；如果 1 楼有信号，则恢复 M2 信号，程序的作用是决定电梯下一步向哪个方向运行，如图 6-13 所示。

RUNG57：2 楼没有内部呼叫、对应的外部呼叫、开门信号已消失，M1 或者 M2 有效，则通知电梯此楼已完成逻辑判断，电梯可继续运行。其中，MW6:X1 说明可以向上运行，%MW6:X2 说明可以向下运行，如图 6-14 所示。

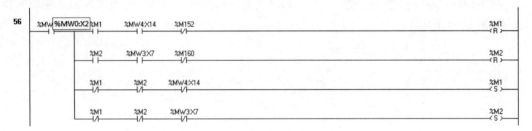

图 6-13　电梯到达楼层后的逻辑判断（4）

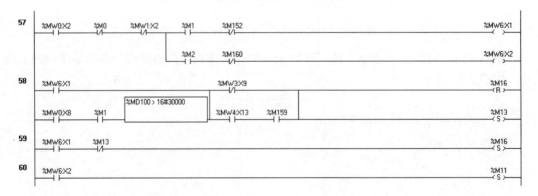

图 6-14　电梯到达楼层后的逻辑判断（5）

RUNG58：MW6:X1 有效（当前在 2 楼）下一层需要停顿，或者%MW0:X8 和%M1 有效（电梯在 2～3 楼且在向上运行）下一层需要停顿，则决定电梯的目标位置为 3 楼，使 M13 有效。

RUNG59：如果 RUNG58 中条件不满足，则判断目标位置为 6 楼，M16 有效（如果事实上目标位置为 4 楼，则在 3～4 楼运行时会作出纠正）。

RUNG60：与 RUNG58 类似，对应于向下运行。

（4）开门判断

程序 RUNG92-94，将之前所有的开门信号综合，其中一个有效即需要开门（这里的逻辑是取反后相"与"再取反，相当于直接"或"在一起），然后按定时器设定时间开门，如图 6-15 所示。

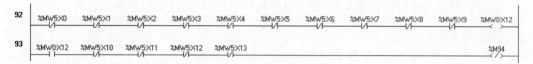

图 6-15　开门状态判断

（5）存入电梯目标位置

程序的 RUNG95-100。以 RUNG95 目标位置为 1 楼为例，激发一脉冲，首先取消自身的信号以避免再次触发存入目标位置，然后把中间变量 MD100 的数值改变，成功改变后 M3 有效，通知电梯启动，RUNG96-100 类似，如图 6-16 所示。

M3 有效后，触发一脉冲 M4，同时 M3 复位，由 M4 执行后面的工作。一方面根据 MD100 的数值对 M8 的各位进行置位（M8 的各位的意义是，能够在人机界面看到电梯的目标位置，仅作为调试之用，调试完成后可删除）。

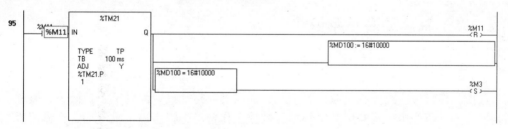

图 6-16　电梯目标位置存储

（6）根据电梯返回的位置调整响应信号

见程序 RUNG108-118，以 RUNG108 为例，电梯到达一楼，则置位 1 楼信号，复位 1～2 楼信号。

（7）电机驱动

此部分实现相对比较复杂，具体见配套示例程序 RUNG329-354。

（8）楼层判断

见程序 RUNG364-374，根据程序返回的"位置"转换成为楼层信息，注意：电梯不会刚好停到位置，所以，需要留有一定的余度，如图 6-17 所示。

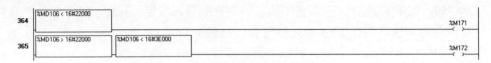

图 6-17　楼层状态判断

2. HMI 编程实现

（1）新建工程

新建工程的方法可以参见 4.1.3 节 "4.实验步骤（1）创建工程" 中的内容。

（2）变量定义

根据 6.1.2 节中 "HMI 功能设计" 部分，进行变量的定义。

（3）界面组态

根据 6.1.2 节中 "HMI 功能设计" 部分，进行画面的组态，添加各种按钮和指示灯，具体方法可以参见 4.1.3 节中相应部分。

（4）HMI 变量和 PLC 变量对应

根据 6.1.2 节中 "HMI 功能设计" 部分，将各按钮和指示灯对应的变量和 PLC 对应的变量挂接，以实现在触摸屏上对 PLC 进行控制。

（5）编译运行

6.2　X-Y 轴运动演示系统

6.2.1　案例引言

数控工作台可广泛应用于激光焊接机、插线机、打孔机、涂胶机、机械手、搬运、检测装置、小型数控机床及实用教学领域。数控工作台可选择步进电机驱动、直流伺服电机驱动、交流伺服电机驱动，在设计上采用滚珠丝杠和滚动导轨传动结构，具有精度高、效率高、寿命长、磨损小、节能低耗、摩擦系数小、结构紧凑、通用性强等特点。

本案例利用施耐德电气的可编程控制器、伺服驱动器、伺服电机等设备，模拟数控工作台模型计搭建了一套 X-Y 轴运动控制平台。

6.2.2　方案设计

1. 系统功能

工业现场的数控工作台均带有逻辑处理部件，例如，单片机、信号处理器或者嵌入式系统，因此，可以进行复杂的逻辑控制。这里仅采用了 Twido PLC 进行简单的逻辑处理，模拟实现了数控工作台的一些简单功能，具体包括如下：

（1）系统自检功能

上电后系统自检，描绘特定的形状。在初始化后能够自动按特定轨迹运动，以此验证系统工作是否良好。

（2）多边形的绘制

能够按照用户要求描述出特定的直线段，以此拼接成为多边形。

以前的数控工作台一般需要描绘出特定的直线段，以及圆弧段才能完成任务，例如，切割机切割出特定形状的工件等。而现在的数控工作台一般采用化圆为直的方法，以提高控制精度。例如，要绘制一个圆，事实上的做法是用一个规则的多边形（如 128 正多边形）来拟合，根据精度的要求提高多边形的边数。这样对于电机来说，只需要完成"直线"的绘制即可。

另外，圆弧的绘制需要一定的浮点运算能力，而由于 Twido PLC 的功能限制，不能很好的完成圆弧插补，所以，此系统主要以实现多边形描绘为主。

（3）目标位置设置

配置输入框，输入目标位置坐标，按下"启动"按钮开始描绘。

（4）启停控制

设计相应的按钮，以使机器正常启动、正常停止，以及紧急情况停止。

系统实物模型及控制系统如图 6-18 和图 6-19 所示。

图 6-18　X-Y 轴运动演示系统模型

图 6-19　控制系统

2．硬件组成

（1）系统硬件总体结构

系统采用总线控制，实现对伺服电机的转速控制和二维精确定位。该系统包括触摸屏、PLC、伺服驱动器、伺服电机等设备。触摸屏和 PLC 之间通过 Modbus 协议进行通信，PLC 和伺服驱动器之间通过 CANopen 总线进行通信，系统结构图如图 6-20 所示。

各设备的主要作用：

① 触摸屏 XBT GT 2330（1 个）：用于设备启停、目标位置输入的模拟，运动状态信息的显示。

② 可编程控制器 **TWDLCAE40DRF**（1 个）：是进行信号逻辑处理的主要部分，用 Twidosoft 软件进行编程，可以从触摸屏获得输入信号，处理后的输出信号通过总线传输给伺服驱动器，以控制伺服电机的运行。

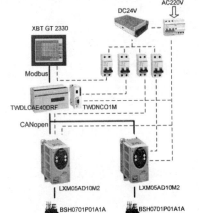

③ CANopen 模块 **TWDNCO1M**（1 个）：可以和伺服驱动器之间实现 CANopen 通信。

④ 伺服驱动器 **LXM05AD10M2**（2 台）：接收 Twido PLC 所传来的信号，驱动伺服电机。

⑤ 伺服电机 **BSH0701P01A1A**（2 台）：接在伺服驱动器的输出端，实现启动、停止、转速变化等，用于模拟电梯运行。

⑥ 3P 漏电保护断路器（1 只）：220V 的交流电的总开关，给伺服驱动器和开关电源供电。

⑦ 24V 开关电源（1 个）：将 220V 的交流电转化为 24V 的直流电，为触摸屏、PLC 及伺服驱动器提供工作电源。

图 6-20　X-Y 轴运动系统结构图

⑧ 2P 断路器（4 只）：24V 直流电开关，分别给 HMI，PLC，Lexium 05 提供直流电源。

⑨ 行程开关（2 只）：在 X 轴、Y 轴终端安装，电机运行到终端后发信号给 PLC，停止电机。

⑩ Modbus 电缆：连接触摸屏与 PLC，实现它们之间的信号传递。

⑪ CAN 总线电缆：连接 PLC 与伺服驱动器。

⑫ X-Y 轴运动控制模拟平台。

系统工作过程：

触摸屏作为人机交互界面，接收人为输入的各种运行要求，然后经 Modbus 总线传给 PLC；PLC 读取从触摸屏获得的信号，运算后将控制信号经 CANopen 总线传送给两台伺服驱动器 Lexium 05，同时把系统状态反馈给触摸屏；伺服驱动器接收 PLC 的动作信号，解析后发出控制信号给伺服电机，以实现电机的启停及运转；两台伺服电机分别带动 X-Y 轴运动控制平台上两个方向的机械结构运动，完成整个图形的绘制过程。

（2）触摸屏和可编程控制器的 Modbus 总线连接

请参见 6.1.2 节中相应部分。

（3）可编程控制器和两台伺服驱动器的 CANopen 总线连接

可编程控制器与两台伺服驱动器的 CANopen 总线采用 CAN 分线盒连接，连接示意如图 6-21 所示。

各元件的主要作用：

① Ip20 D 型 9 针连接头：TSX CAN KCD F90，连接 CANopen 模块和连接盒。

② CANopen 电缆：用于延长连接线，可以自己进行制作。

③ CANopen 连接盒：VW3CANTAP2，将 1 路 CANopen 连接分为 2 路。

④ 带有两个 RJ-45 的 CANopen 连线：VW3CANCARR03（0.3m）或 VW3CANCARR1（1.0 m）。

3. 参数配置及软件设计

（1）HMI 参数配置

请参见 6.2.1 节中相应部分。

（2）伺服驱动器的参数设置

Lexium 05 驱动器中 CANopen 模式下波特率 Cobd 设置为 500 Kb/s，LoAd 分别设为 1、2。总线连接及参数设置参见 5.1.1 及 5.1.2 节。

（3）PLC 通信参数设置

PLC 的通信配置包括两个方面：与触摸屏的 Modbus 通信；与伺服驱动器的 CANopen 通信。

1）Modbus 通信

请参见 6.1.2 节中相应部分。

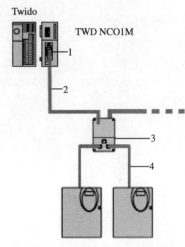

图 6-21　两台伺服驱动器的
CANopen 总线连接

2）CANopen 通信

添加 CANopen 模块，参见 5.1.1 节中相应部分。本案例是双伺服电机控制，因此，要将两台伺服驱动器都添加进来，具体可根据图 6-22、图 6-23 和图 6-24 进行配置。

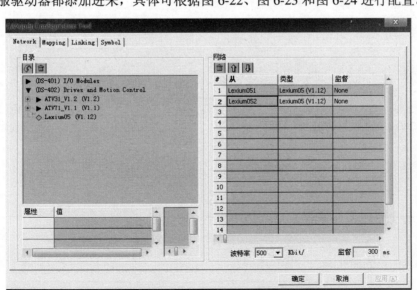

图 6-22　添加两台伺服驱动器

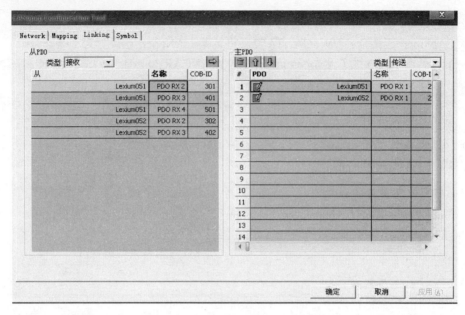

图 6-23　两台伺服驱动器的 PDO 映射

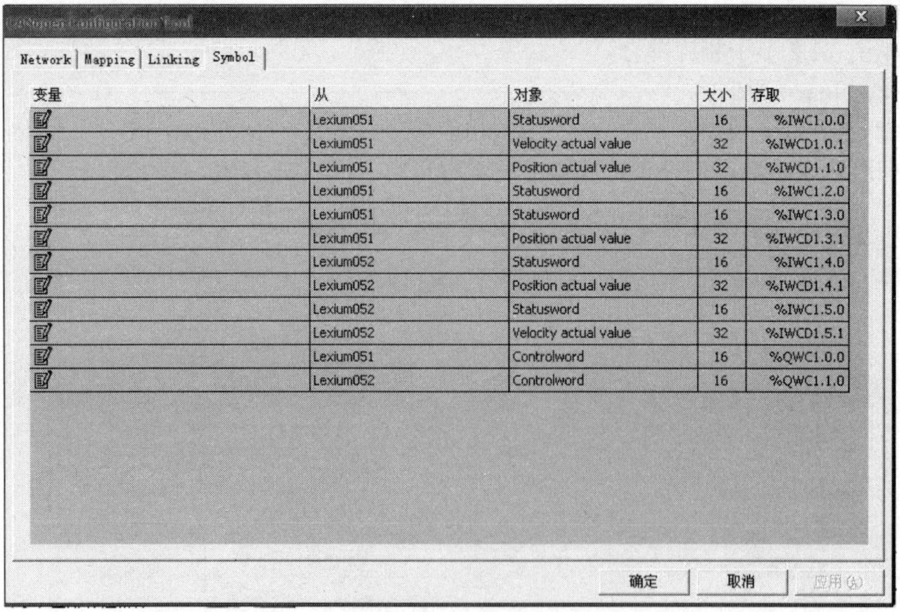

图 6-24　两台伺服驱动器的控制字与状态字

（4）HMI 功能设计

1）图形画面

人机界面采用单界面，该界面主要分为三部分，设计画面如图 6-25 所示。

① 启停与复位部分：包括最上侧的启动、复位、急停三个按钮。分别实现两台电机的正常启动、急停和回到初始位置的功能。

② 图形绘制部分：包括中间的测试 A、测试 B 和停止三个按钮。测试 A 为绘制三角形图形，测试 B 为绘制矩形图形，停止按钮用于电机正常停止。

③ 定位绘制部分：包括最下方的有两个输入框和定位按钮。两个输入框分别输入 X、Y 目的坐标位置，定位按钮用于控制定位绘制功能的启动。

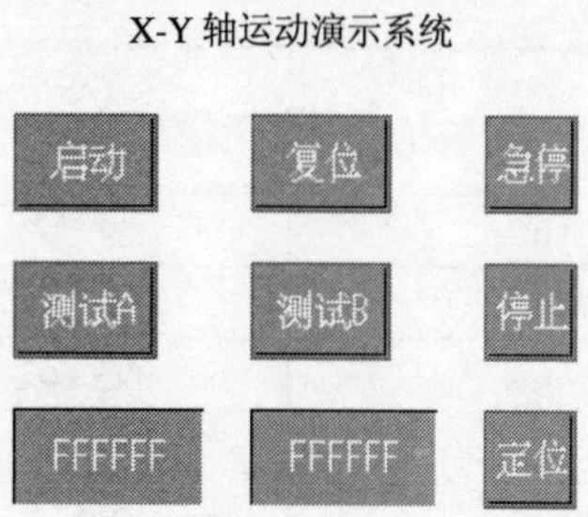

2）变量定义

此实例中全部使用外部变量，通过与连接的设备通信来获取数据。在这里，使用了离散型及整型变量，变量定义见表 6-3。

X-Y 轴运动演示系统

图 6-25　X-Y 轴运动演示系统控制界面

表 6-3　变量定义表

名　　称	数据类型	数 据 源	对应 PLC 地址	对应按钮及功能
Start	离散型	外部	M100	启动：启动机器
Reset	离散型	外部	M101	复位：使系统回到初始位置
Halt	离散型	外部	M110	急停：无论任何状态马上停止电机
Test1	离散型	外部	M102	测试 A：描绘三角形，确认系统完好
Test2	离散型	外部	M103	测试 B：描绘矩形，确认系统完好
X	整型	外部	MD1	FFFFFF：目标位置 X 坐标值
Y	整型	外部	MD3	FFFFFF：目标位置 Y 坐标值
Go	离散型	外部	M105	定位：开始运行至目标位置
Done	离散型	外部	M109	停止：正常停止机器

（5）PLC 功能设计

PLC 程序的设计主要包括以下几个部分：

① 程序的初始化；

② 电机的驱动程序；

③ 位置定位；

④ 程序自检；

⑤ 特定直线的绘制；

⑥ 系统急停。

设计中主要用到的与触摸屏相关的变量定义见表 6-4。

表 6-4　与触摸屏相关的变量定义

输入变量	类型说明	实现功能
I0.1/M101	脉冲触发	复位：设置目标位置为初始值并启动电机

输入变量	类型说明	实现功能
I0.10/M109	脉冲触发	停止：设置目标位置为零点并启动电机
I0.2/M102	脉冲触发	测试 A：描绘三角形，确认系统完好
I0.3/M103	脉冲触发	测试 B：描绘矩形，确认系统完好
I0.0/M100	脉冲触发	启动：锁定电机并设置初始转速、长度对应等参数
I0.11/M110	脉冲触发	急停：脱开电机锁定，让其自由转动
I0.5/M105	脉冲触发	定位：调整目标位置及运动转速，启动电机

其他详细的变量定义见表 6-5。

表 6-5　变量使用一览表

变　　量	类型说明	功　　能
M5～M9	脉冲触发	中间变量，有效时置位 M141，启动电机 2
M31，M32	脉冲触发	同上
MD150	双字存储	中间变量，存储电机 2 目标位置
MD140	双字存储	中间变量，存储电机 1 目标位置
M81～M86	脉冲触发	中间变量，有效时置位 M71，启动电机 1
TM1，TM2	定时器	自检程序 A 定时器，使程序分别延时后启动定位
TM3～TM5	定时器	自检程序 B 定时器，使程序分别延时后启动定位
M10～M14	脉冲触发	记录定时器的状态，在上升沿写入不同位置并启动电机
M61～M62	脉冲触发	写入电机 1 位置缩放系数的分母
M63～M64	脉冲触发	写入电机 1 位置缩放系数的分子
M65～M66	脉冲触发	写入电机 1 运行模式
M67～M68	脉冲触发	写入电机 1 加速度
M69～M70	脉冲触发	写入电机 1 减速度
M71～M72	脉冲触发	写入电机 1 目标位置
M77～M78	脉冲触发	写入电机 1 速度
M111	脉冲触发	使电机 1 马上响应新位置
M115，M132	脉冲触发	写入电机 2 位置缩放系数的分母
M133～M134	脉冲触发	写入电机 2 位置缩放系数的分子
M135～M136	脉冲触发	写入电机 2 运行模式
M137～M138	脉冲触发	写入电机 2 加速度
M139～M140	脉冲触发	写入电机 2 减速度
M141～M142	脉冲触发	写入电机 2 目标位置
M147～M148	脉冲触发	写入电机 2 速度
M211	脉冲触发	使电机 2 马上响应新位置
MD50	双字存储	记录电机 1 当前位置

续表

变　　量	类型说明	功　　能
MD52	双字存储	记录电机 2 当前位置
MD85，MD87	双字存储	计算 X\Y 位置增量比率的中间变量
KDXX	固定值	参见常量表，实际上为立即数，记录初始位置、转速等

6.2.3　系统实现

1．Twido PLC 编程实现

（1）驱动程序的初始化

首先要选择电机的运行模式，这里与 6.1 节中保持一致，同样使用点对点绝对定位模式，工作区域为 16#5000-15000（十六进制）。事实上，如果需要高精度，应该使用电子齿轮模式，以高速的脉冲来驱动电机，X-Y 轴分别使用不同的比例则可以达到精确控制。但这个模式必须要外部的处理器协助。

首先修改以下参数（如不进行修改则其采用默认值）：缩放系数分子、缩放系数分母（这两个参数确定，电机内部存储器的"一步"对应实际的多少长度）、电机运转的速度、加速度、减速度。这几个参数的修改方法基本一致，以下以修改速度这一参数为例进行说明。

参数名 代码 HMI 菜单，代码	说明	单位 最小值 默认值 最大值	数据类型 读 / 写 可持久保存 仅供专家	通过现场总线指定参 数地址
PPn_target _	点到点运行模式的给定转速 () 最大值被限制为 CTRL_n_max 的当前设置值 设置值受当前参数设置 RAMPn_max 的内部限制。	r/min 0 60	UINT32 读 / 写 － －	CANopen 6081:0h Modbus 6942

图 6-26　转速参数的定义

查找 Lexium 05 的说明书，找到转速的参数，其地址为 6081：0h，如图 6-26 所示。在 Twido 中使用的格式进行修改，如图 6-27 所示。

下面逐一进行说明：

① RUNG33：M77 由之前的程序启动，一旦 M77 变高，则开始修改速度参数。

② SW81:3：其为高，说明总线空闲，数据可以传送。

③ MW10：读写标志，为 3 说明从 Lexium 05 向 Twido PLC 写数据，为 4 则相反。

④ MW11：设置标志号，这里为 1 或 2，说明数据向哪部电机传送（由于两部电机同样挂在一条总线上，所以，电机必须设置不同的标志号，可以在伺服驱动中进行相应的设置）。

⑤ MW12：地址编号，如转速的地址为 6081。

⑥ MW13：前 8 位为地址的偏移值，这里为 0（见 6081：0h 冒号后面的部分）；后 8 位为有效数据的长度，这里为"MD14 存储的数值"，即为 4。

⑦ MD14：实际需要传输的数据，传送 MD54 存储的内容，大部分时间为 30，即默认转速为 30r/min。有的地方为 MW14:=1，则有效数字为 1，数据长度为 1。

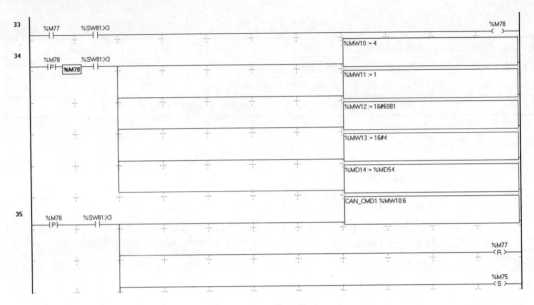

图 6-27　转速的修改

以上操作完成以后，数据帧建立完毕，然后运行下面的命令进行传送：

① CAN_CMD1 %MW10:6 启动传送，从 MW10 开始连续传送 6 个字节。

② RESET M75，说明传送已完毕，SET M77，开始下一个传送。

（2）程序的初始化

程序初始化主要包括把电机锁定至运行状态，初始化变量，定位电机到特定的位置。

电机的初始化如图 6-28 所示，电机的启动如图 6-29 所示，读取电机位置如图 6-30 所示。

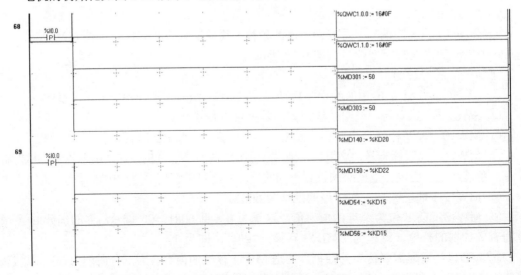

图 6-28　电机的初始化

① RUNG68：锁定电机 1，2；设置加速度、减速度初始值为 50。

② RUNG69：设置初始位置（5000，5000），设置初始转速（KD15 为一定值 30）。

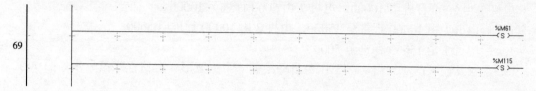

图 6-29　电机的启动

③ RUNG69：完整启动电机（SET M61，SET M115）。

另外启动电机还可以 SET M71 与 SET M141，与上者的不同之处是，这个启动不会再次写缩放系数，即不会重新建立电机内部的"一步"与实际长度的对应关系。

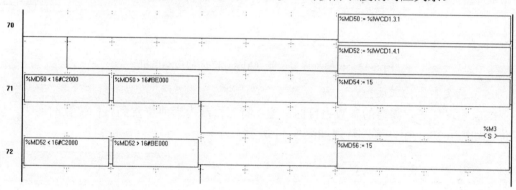

图 6-30　读取电机位置

④ RUNG70：读取电机当前位置，存储到 MD50 与 MD52 中。

⑤ RUNG71-72：如果电机位置在正常范围，则降低转速。

（3）位置定位

I0.1，触发输入：一旦启动，电机回到初始位置（5000，5000）。电机复位至特定位置如图 6-31 所示。

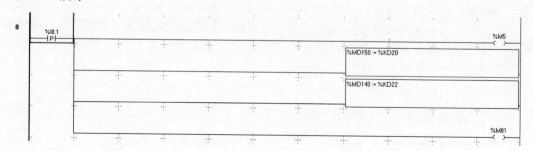

图 6-31　电机复位至特定位置

（4）程序自检

I0.1，触发输入：一旦启动，工作台自动绘制一个三角形。

电机 1 由 5000 行进至 10000，电机 2 由 5000 行进至 10000。

10s 后电机 1 由 10000 行进至 15000，电机 2 由 10000 行进至 5000。

10s 后电机 1 由 15000 行进至 5000。

I0.2，触发输入：一旦启动，工作台自动绘制一个正方形。自检程序第一步如图 6-32 所示。

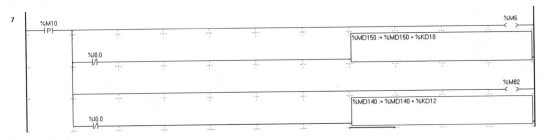

图 6-32　自检程序第一步（M6\M82 之后启动电机）

（5）特定直线的描述

I0.5 触发任务，需要的参数为目标位置，特定直线为当前位置到目标位置的连线。计算位置如图 6-33 所示，修改转速如图 6-34 所示。

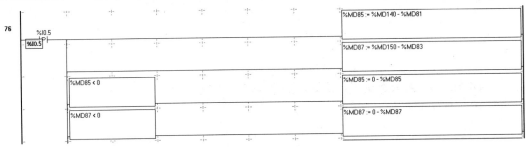

图 6-33　计算位置

第一步：计算当前位置与目标位置的距离，X-Y 轴方向分别计算。

第二步：根据 X-Y 轴需要行进距离的比值，修改相应电机的转速（如不修改，两部电机由于路程不一样，因此，会造成先走 45°折线，再走直线的现象）。

第三步：修改相应电机的加、减速度。

第四步：启动电机。

（6）急停按钮

I0.11 触发，紧急情况下强行停止电机。紧急停止电机如图 6-35 所示。

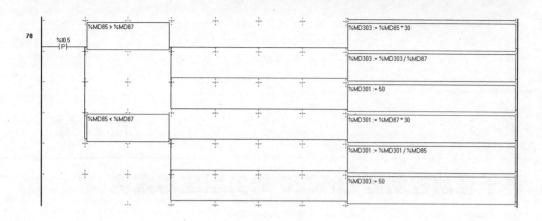

图 6-34　修改转速

图 6-35　紧急停止电机

2．HMI 编程实现

具体设置及步骤请参见 6.1.3 节中相应部分，在本案例中要注意对于两个整型数据，选择"数据显示"而非"开关"，变量为整型（注意默认为 16 位的，要修改为 32 位），绑定至双字 MD1 与 MD3，注意勾选"启用输入"。启用输入如图 6-36 所示。

图 6-36　启用输入

程序创建完成后，注意测试一下定义的按钮是否能按下，定义的"输入框"部分是否能够输入数据。

小　　结

本章主要介绍了基于施耐德电气的可编程控制器的两个典型应用案例，包括电梯控制演示系统和 X-Y 轴运动演示系统。每个案例分别从系统功能、硬件组成、参数配置、软件设计和系统实现等方面进行了详细阐述，使学生能系统的掌握设计搭建一个典型控制系统的思路和实现步骤，能得到更综合的实践锻炼。

第 7 章

基于运动控制器 LMC20 的典型应用案例

7.1 电梯群控演示系统

7.1.1 案例引言

随着社会的高速发展，高层建筑是城市未来发展必然的趋势，而电梯是这些高层建筑不可缺少的设备。在高层建筑中，一般都有多组电梯需要控制，就需要使用运动控制模块，研究基于多组电梯的群控算法，使电梯运行更为智能，缩短乘客的等候时间，使之既能最大限度地满足需求，同时也尽可能减少能耗，提高运行效率。

本案例就是基于施耐德电气的运动控制器、伺服驱动器、伺服电机及人机界面等设备，设计搭建一套电梯群控模拟系统，从控制算法优化入手，实现两台电梯的智能控制。

7.1.2 方案设计

1. 系统功能

本系统模拟高度为 6 层的两部电梯组成的群控系统，系统完成的功能如下所述。

（1）单部电梯应有的功能

① 多信号输入依次执行：依次执行的意思是指按照现实中电梯的逻辑进行运动，如上升过程中上升信号的优先级高于下降信号，所以，先执行对应的上升信号。

② 自动实现开关门动作：假设所停楼层有用户呼叫则自动开关门，开关门时间为 2s。

③ 显示当前楼层：在人机界面中，有相应的信号灯显示当前要去的楼层（如上升状态中，在 2,3 层之间，则显示第 3 层）。

④ 显示上升、下降状态：上升或下降时对应的箭头指示会亮。

（2）群控电梯应有的功能

① 对于电梯内部的逻辑信号，应该由各电梯各自承担。

② 对于电梯外部的逻辑信号，应该根据情况合理地分配到两部电梯中去，使用户等待的时间尽可能少，提高电梯运行效率。

系统实物模型及控制系统如图 7-1 和图 7-2 所示。

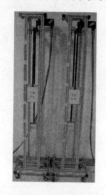

图 7-1　电梯物理模型

图 7-2　控制系统

2．硬件组成

（1）系统硬件总体结构

电梯群控模拟系统采用总线控制，实现对两部电梯的运行控制。该系统的硬件设备主要包括触摸屏、运动控制器、伺服驱动器、伺服电机、总线连接器等。触摸屏和运动控制器之间通过 Modbus 协议进行通信，运动控制器和伺服驱动器之间通过 CANopen 总线进行通信，系统的硬件连接示意图如图 7-3 所示。

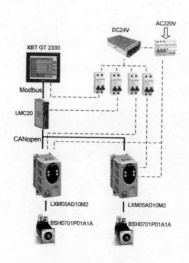

图 7-3　系统硬件连接示意图

各设备的主要作用如下：

① 触摸屏 XBT GT 2330（1 个）：模拟电梯内部、外部的各个按钮，同时显示各种输出信号，例如，运行方向、当前楼层等信息。

② 运动控制器 LMC20（1 个）：是进行信号逻辑处理的主要部分，读取从触摸屏获得的控制信号，并作逻辑运算，然后把反馈信号传送给触摸屏，同时把控制信号传送给伺服驱动器。

③ 伺服驱动器 LXM05AD10M2（2 台）：接收运动控制器 LMC20 的信号，进行解析，然后产生控制信号传送给伺服电机。

④ 伺服电机 BSH0701P01A1A（2 台）：接在伺服驱动器 Lexium 05A 的输出端，用于模拟电梯的运转。

⑤ 3P 漏电保护断路器（1 只）：220V 交流电的总开关，给伺服驱动器和开关电源供电。

⑥ 24V 开关电源（1 只）：将 220V 交流电转化为 24V 的直流电，为触摸屏、运动控制器及伺服驱动器提供工作电源。

⑦ 2P 断路器（4 只）：24V 直流电开关，分别给 HMI，LMC20，Lexium 05 提供直流电源。

⑧ Modbus 电缆：连接触摸屏与运动控制器，实现它们之间的信号传输。

⑨ CAN 总线电缆和连接器、适配器：连接运动控制器与两个伺服驱动器，具体连接下面将进行详细阐述。

⑩ 模拟电梯模型。

系统工作过程如下：

触摸屏作为人机交互界面，接收人为输入的各楼层上升、下降等信息，然后经 Modbus 总线传给运动控制器；运动控制器读取从触摸屏获得的信号，经逻辑运算后将控制信号经 CANopen 总线传送给伺服驱动器，同时把系统运行状态反馈给触摸屏；伺服驱动器接收运动控制器的动作信号，解析后发出控制信号给伺服电机；伺服电机通过电机反馈电缆连到伺服驱动器的电机位置编码器上，以实时读取电机转速、运行位置等信息。

（2）触摸屏和运动控制器的 Modbus 总线连接

通过 Modbus 通信电缆将触摸屏的 COM2 口和 LMC20 的 Modbus 口连接。假设运动控制器与人机界面没有连接上，则人机界面中变量标签按钮中会出现报警标志，此时应该检查两器件通信参数是否设置正确，或检查程序中与触摸屏中按钮地址是否设置一样。

（3）运动控制器和两台伺服驱动器的 CANopen 总线连接

运动控制器与两台伺服驱动器的 CANopen 总线连接采用菊花链式结构，连接方式如图 7-4 所示。

各元件的主要作用如下：

① CANopen 连接电缆 VW3 M3 805R010（1 条）：一端为 9 针凹型 SUB-D 连接器，连

接在 LMC20 CANopen 接口上；另一端为带有线路端接器的 RJ-45 连接器，连接在 CANopen 分支器上。

② CANopen 分支器 TCS CTN023F13M03（2 个）：带有 3 个 RJ-45 连接口，可以实现 Lexium 05 的菊花链连接。

③ CANopen 电缆（1 条）：用于连接两台伺服驱动器，可以自己进行制作。

3. 参数配置及软件设计

系统的通信设置包括三部分：一是触摸屏与 LMC20 之间的通信设置；二是 LMC20 与上位机之间连接时的参数配置，三是 LMC20 与伺服驱动器 Lexium 05 之间的通信设置。只有当两端的设置相匹配时才能实现它们之间的通信。

（1）HMI 参数配置

新建工程的方法可以参见本书 4.1.3 节"4. 实验步骤（1）创建工程"中的内容，在创建工程完成之后，在导航器中的 I/O 管理器中会出现子选项 ModbusRTU01，如图 7-5 所示，右击此选项，单击配置，打开一个驱动程序配置的对话框。将 COM 口设为 COM2，传输速率的值设为 38 400，校验位设为无，停止位设为 1，如图 7-6 所示，这样就与 LMC20 中的 Modbus 总线默认的波特率 mbusbaudrate=38 400，校验位 mbusparity=none，停止位为 1 相一致了。

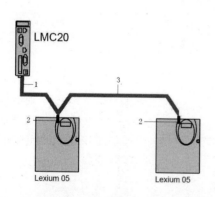

图 7-4　两台伺服驱动器的 CANopen 总线连接

图 7-5　子选项"ModbusRTU01"

再双击子选项"ModbusRTU01"下方的子选项"Modbus Equipment01"，在弹出的界面中，将设备地址中从设备的地址设为 1（与 LMC20 中的 Modbus 总线地址 Modbusadd=1 相对应），并且勾上 IEC61131 语法（这样才能在变量的设备地址中选择如%MW3:X4 型的地址），如图 7-7 所示。

（2）LMC20 参数配置

1）与伺服驱动器进行通信时的设置

可以参见 5.2.1 节"LMC20 中的设置"用模板新建一个工程，针对其用来控制伺服驱动器，可以进行下一步的配置，具体做法可以参见 5.4.1 节中的"LMC20 中的设置"，但由于完成电梯群控任务，控制多台伺服驱动器，所以，要将两台伺服驱动器的地址都进行配置，可以将它的地址分别配置为 2，3，波特率依旧设置为 500Kb/s，见表 7-1，配置后的结果如图 7-8 所示，要注意的是，在伺服驱动器的设置中，也要将两台伺服驱动器的地址分别对应设为 2 和 3，将波特率设为 500Kb/s。

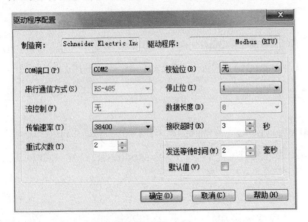

图 7-6　人机界面的通信参数设置　　　　图 7-7　人机界面的通信地址设置

表 7-1　LMC20 参数配置表

	命　名	CANopen 总线地址	波特率/Kb/s
伺服驱动器 1	Drive1	2	500
伺服驱动器 2	Drive2	3	500

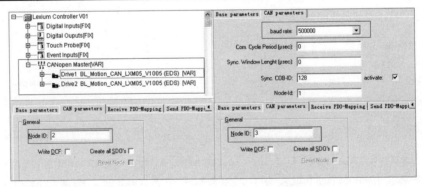

图 7-8　LMC20 参数配置图

2）与 PC 进行通信时的设置

将程序烧入 LMC20 时要将 LMC20 与上位机相连接，有两种方式，即串行通信和以太网通信。如果选择使用串行通信，则新建通道时选择"Serial（RS-232）"；如果选择使用以太网通信，则新建通道时选择"TCP/IP [level 2]"，具体的参数配置如图 7-9（a）、图 7-9

（b）所示。具体的设置方法可以参见 5.2.1 节 "3.（4）实验步骤 4）通信参数" 中的内容，要注意的是，以太网通信时，设置 IP 的地址要与 LMC20 的 IP 地址一致。

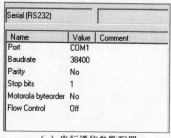

（a）串行通信参数配置

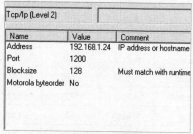

（b）以太网通信参数配置

图 7-9　通信参数配置

（3）伺服驱动器的参数设置

Lexium 05 驱动器中 CANopen 模式下波特率 $Cobd$ 的设置为 500 Kb/s，两台伺服电机的地址分别设置为 2 和 3（$CoAd$ 分别设为 2，3）。总线连接及参数设置可参见 5.1.1 节及 5.1.2 节中相应部分。

（4）HMI 功能设计

1）图形画面

人机界面采用单界面，该界面主要分为三部分，设计画面如图 7-10 所示。

① 第一部电梯控制部分：第一区域为第一部电梯楼层外部控制部分，按钮和指示灯具体和单部电梯相同。

② 第二部电梯控制部分：第二区域为第二部电梯楼层外部控制部分，按钮和指示灯具体和单部电梯相同。

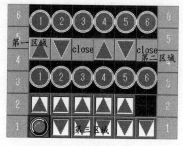

图 7-10　图形画面设计

③ 电梯内部控制部分：第三区域为电梯内部控制按钮和指示灯。

各按钮和指示灯详细功能请参见 6.1.2 节中 "3.（4）HMI 功能设计" 部分。

2）变量定义

定义的变量主要有离散型、整型两种类型，所有的变量均为外部变量，其值即为 LMC20 程序中对应的全局变量的值，通过与运动控制器 LMC20 通信来获取数据。人机界面左边分界线部分为其中一部电梯的按钮与显示，右边部分为另一部电梯的按钮与显示，下方为轿厢外部按钮及电机使能按钮。变量的定义见表 7-2。

表 7-2　变量定义表

名　　称	数据类型	数据源	对应关系	说　　明
first_up	离散型	外部	与 LMC20 中全局变量 OUT_F1_UP 对应	电梯外部 1 楼向上按钮
second_up	离散型	外部	与 LMC20 中全局变量 OUT_F2_UP 对应	电梯外部 2 楼向上按钮

名　称	数据类型	数据源	对 应 关 系	说　明
third_up	离散型	外部	与 LMC20 中全局变量 OUT_F3_UP 对应	电梯外部 3 楼向上按钮
fourth_up	离散型	外部	与 LMC20 中全局变量 OUT_F4_UP 对应	电梯外部 4 楼向上按钮
fifth_up	离散型	外部	与 LMC20 中全局变量 OUT_F5_UP 对应	电梯外部 5 楼向上按钮
second_down	离散型	外部	与 LMC20 中全局变量 OUT_F2_DOWN 对应	电梯外部 2 楼向下按钮
third_down	离散型	外部	与 LMC20 中全局变量 OUT_F3_DOWN 对应	电梯外部 3 楼向下按钮
fourth_down	离散型	外部	与 LMC20 中全局变量 OUT_F4_DOWN 对应	电梯外部 4 楼向下按钮
fifth_down	离散型	外部	与 LMC20 中全局变量 OUT_F5_DOWN 对应	电梯外部 5 楼向下按钮
sixth_down	离散型	外部	与 LMC20 中全局变量 OUT_F6_DOWN 对应	电梯外部 6 楼向下按钮
to_1	离散型	外部	与 LMC20 中全局变量 E1_FLO1 对应	电梯 A 内部 1 楼按钮
to_2	离散型	外部	与 LMC20 中全局变量 E1_FLO2 对应	电梯 A 内部 2 楼按钮
to_3	离散型	外部	与 LMC20 中全局变量 E1_FLO3 对应	电梯 A 内部 3 楼按钮
to_4	离散型	外部	与 LMC20 中全局变量 E1_FLO4 对应	电梯 A 内部 4 楼按钮
to_5	离散型	外部	与 LMC20 中全局变量 E1_FLO5 对应	电梯 A 内部 5 楼按钮
to_6	离散型	外部	与 LMC20 中全局变量 E1_FLO6 对应	电梯 A 内部 6 楼按钮
to_21	离散型	外部	与 LMC20 中全局变量 E2_FLO1 对应	电梯 B 内部 1 楼按钮
to_22	离散型	外部	与 LMC20 中全局变量 E2_FLO2 对应	电梯 B 内部 2 楼按钮
to_23	离散型	外部	与 LMC20 中全局变量 E2_FLO3 对应	电梯 B 内部 3 楼按钮
to_24	离散型	外部	与 LMC20 中全局变量 E2_FLO4 对应	电梯 B 内部 4 楼按钮
to_25	离散型	外部	与 LMC20 中全局变量 E2_FLO5 对应	电梯 B 内部 5 楼按钮
to_26	离散型	外部	与 LMC20 中全局变量 E2_FLO6 对应	电梯 B 内部 6 楼按钮
show_1	离散型	外部	与 LMC20 中全局变量 E1_FLOOR1 对应	电梯 A 当前位置显示 1 楼
show_2	离散型	外部	与 LMC20 中全局变量 E1_FLOOR2 对应	电梯 A 当前位置显示 2 楼
show_3	离散型	外部	与 LMC20 中全局变量 E1_FLOOR3 对应	电梯 A 当前位置显示 3 楼
show_4	离散型	外部	与 LMC20 中全局变量 E1_FLOOR4 对应	电梯 A 当前位置显示 4 楼
show_5	离散型	外部	与 LMC20 中全局变量 E1_FLOOR5 对应	电梯 A 当前位置显示 5 楼
show_6	离散型	外部	与 LMC20 中全局变量 E1_FLOOR6 对应	电梯 A 当前位置显示 6 楼
show_21	离散型	外部	与 LMC20 中全局变量 E2_FLOOR1 对应	电梯 B 当前位置显示 1 楼
show_22	离散型	外部	与 LMC20 中全局变量 E2_FLOOR2 对应	电梯 B 当前位置显示 2 楼
show_23	离散型	外部	与 LMC20 中全局变量 E2_FLOOR3 对应	电梯 B 当前位置显示 3 楼
show_24	离散型	外部	与 LMC20 中全局变量 E2_FLOOR4 对应	电梯 B 当前位置显示 4 楼
show_25	离散型	外部	与 LMC20 中全局变量 E2_FLOOR5 对应	电梯 B 当前位置显示 5 楼
show_26	离散型	外部	与 LMC20 中全局变量 E2_FLOOR6 对应	电梯 B 当前位置显示 6 楼
show_up	离散型	外部	与 LMC20 中全局变量 E1_RISE 对应	电梯 A 显示运动方向向上
show_down	离散型	外部	与 LMC20 中全局变量 E1_DOWN 对应	电梯 A 显示运动方向向下
up2	离散型	外部	与 LMC20 中全局变量 E2_RISE 对应	电梯 B 显示运动方向向上

续表

名　称	数据类型	数据源	对应关系	说　明
down2	离散型	外部	与 LMC20 中全局变量 E2_DOWN 对应	电梯 B 显示运动方向向下
open_close	离散型	外部	与 LMC20 中全局变量 E1_DOOR 对应	电梯 A 开关门显示
oc2	离散型	外部	与 LMC20 中全局变量 E2_DOOR 对应	电梯 B 开关门显示
on	离散型	外部	与 LMC20 中全局变量 Input 对应	电机使能按钮

根据上面的变量设计表，右击导航器中的 Variables 选项卡，可以新建变量，具体如图 7-11 所示（注：图中只显示了部分变量）。

	名称	数据类型	数据源	扫描组	设备地址	报警组
1	up2	离散型	外部	ModbusEquipment	%MW6:X4	禁用
2	to_6	离散型	外部	ModbusEquipment	%MW5:X6	禁用
3	to_5	离散型	外部	ModbusEquipment	%MW5:X5	禁用
4	to_4	离散型	外部	ModbusEquipment	%MW5:X4	禁用
5	to_3	离散型	外部	ModbusEquipment	%MW5:X3	禁用
6	to_2	离散型	外部	ModbusEquipment	%MW5:X2	禁用
7	to_1	离散型	外部	ModbusEquipment	%MW5:X1	禁用
8	to26	离散型	外部	ModbusEquipment	%MW5:X12	禁用
9	to25	离散型	外部	ModbusEquipment	%MW5:X11	禁用
10	to24	离散型	外部	ModbusEquipment	%MW5:X10	禁用
11	to23	离散型	外部	ModbusEquipment	%MW5:X9	禁用
12	to22	离散型	外部	ModbusEquipment	%MW5:X8	禁用
13	to21	离散型	外部	ModbusEquipment	%MW5:X7	禁用
14	third_up	离散型	外部	ModbusEquipment	%MW3:X2	禁用
15	third_down	离散型	外部	ModbusEquipment	%MW3:X6	禁用
16	sixth_down	离散型	外部	ModbusEquipment	%MW3:X9	禁用

图 7-11　触摸屏程序中的变量定义

要注意的是，每一个变量的设备地址都要与 LMC20 程序中各变量的设备地址相对应。例如，将 Bool 类型的变量 first_up 的设备地址设为%MW5:X1，之后 LMC20 中全局变量 E1_FLO1 的地址就应该写为 E1_FLO1 AT %MX5.1，其余依次类推。

（5）算法模型设计原则

目前，电梯群控的算法主要有神经网络算法、鲁棒最优化算法、模糊算法等，而现实生活中接触到的很多电梯都有着不同的运行模式，有时候总存在用户等待时间过长的问题，为了能找到一种算法以尽可能地减少用户等待时间，提高电梯运行的效率，在进行设计时应该主要遵循以下几个基本原则：

① 自动定向原则。电梯首先响应内选信号，按内选信号的顺序进行自动定向，如果只有呼叫信号，则将采集的所有呼叫信号按先来先到的原则进行定向。

② 顺向截车原则。电梯按确定方向运行后，只优先响应同向呼叫信号，对于反向的信号，在换向后再进行响应。

③ 一部优先原则。当两部电梯同时静止且处于相同楼层时，控制由电梯 A 进行响应。

④ 最短距离响应原则。在符合以上原则的前提下，使靠近目标楼层的电梯对外部信号

进行响应。

　　基于以上设计准则，确定算法模型，进行逻辑判断，同时根据性能评价指标（平均候梯时间、平均乘梯时间、电梯能耗等）来优化算法，以实现电梯的智能控制。

　　（6）LMC20 功能设计

　　1）全局变量的定义

　　表 7-3 对这些变量进行了说明，要注意的是，设备地址要与触摸屏程序中各变量的地址相对应，具体的对应规则可以参见触摸屏的变量定义部分。

表 7-3　全局变量表

名　　称	数据类型	设备地址	说　　明
E1_FLO1	BOOL	% MX5.1	电梯 1 内部一层信号
E1_FLO2	BOOL	% MX5.2	电梯 1 内部二层信号
E1_FLO3	BOOL	% MX5.3	电梯 1 内部三层信号
E1_FLO4	BOOL	% MX5.4	电梯 1 内部四层信号
E1_FLO5	BOOL	% MX5.5	电梯 1 内部五层信号
E1_FLO6	BOOL	% MX5.6	电梯 1 内部六层信号
E2_FLO1	BOOL	% MX5.7	电梯 2 内部一层信号
E2_FLO2	BOOL	% MX5.8	电梯 2 内部二层信号
E2_FLO3	BOOL	% MX5.9	电梯 2 内部三层信号
E2_FLO4	BOOL	% MX5.10	电梯 2 内部四层信号
E2_FLO5	BOOL	% MX5.11	电梯 2 内部五层信号
E2_FLO6	BOOL	% MX5.12	电梯 2 内部六层信号
OUT_F1_UP	BOOL	%MX3.0	外部一层向上信号
OUT_F2_UP	BOOL	%MX3.1	外部二层向上信号
OUT_F3_UP	BOOL	%MX3.2	外部三层向上信号
OUT_F4_UP	BOOL	%MX3.3	外部四层向上信号
OUT_F5_UP	BOOL	%MX3.4	外部五层向上信号
OUT_F2_DOWN	BOOL	%MX3.5	外部二层向下信号
OUT_F3_DOWN	BOOL	%MX3.6	外部三层向下信号
OUT_F4_DOWN	BOOL	%MX3.7	外部四层向下信号
OUT_F5_DOWN	BOOL	%MX3.8	外部五层向下信号
OUT_F6_DOWN	BOOL	%MX3.9	外部六层向下信号
Input	BOOL	%MX6.10	电机启动停止按钮
E1_FLOOR1	BOOL	%MX4.1	电梯 1 一层显示
E1_FLOOR2	BOOL	%MX4.2	电梯 1 二层显示
E1_FLOOR3	BOOL	%MX4.3	电梯 1 三层显示
E1_FLOOR4	BOOL	%MX4.4	电梯 1 四层显示

续表

名　　称	数据类型	设备地址	说　　明
E1_FLOOR5	BOOL	%MX4.5	电梯 1 五层显示
E1_FLOOR6	BOOL	%MX4.6	电梯 1 六层显示
E2_FLOOR1	BOOL	%MX4.7	电梯 2 一层显示
E2_FLOOR2	BOOL	%MX4.8	电梯 2 二层显示
E2_FLOOR3	BOOL	%MX4.9	电梯 2 三层显示
E2_FLOOR4	BOOL	%MX4.10	电梯 2 四层显示
E2_FLOOR5	BOOL	%MX4.11	电梯 2 五层显示
E2_FLOOR6	BOOL	%MX4.12	电梯 2 六层显示
E1_RISE	BOOL	%MX6.1	电梯 1 向上显示
E1_DOWN	BOOL	%MX6.2	电梯 1 向下显示
E1_DOOR	BOOL	%MX6.3	电梯 1 开关门显示
E2_RISE	BOOL	%MX6.4	电梯 2 向上显示
E2_DOWN	BOOL	%MX6.5	电梯 2 向下显示
E2_DOOR	BOOL	%MX6.6	电梯 2 开关门显示

全局变量的定义界面如图 7-12 所示，可以根据上述表格中的变量进行编写。

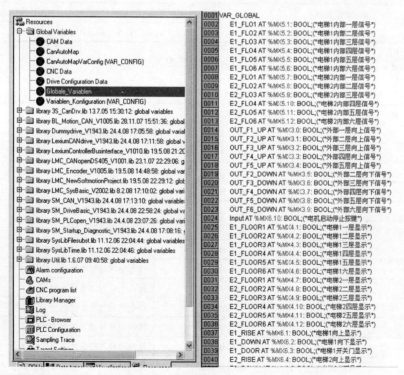

图 7-12　全局变量的定义

2）各函数及功能块的变量定义

① 主函数 PLC_PRG（PRG-CFC），见表 7-4。

表 7-4　主函数变量表

名　　称	数据类型	说　　明
Power	MC_Power_CAN	伺服驱动器 1 使能上电模块
Power2	MC_Power_CAN	伺服驱动器 2 使能上电模块
Mvv	MC_MoveAbsolute_CAN	伺服驱动器 1 绝对位置运动控制模块
Mvv2	MC_MoveAbsolute_CAN	伺服驱动器 2 绝对位置运动控制模块
POSTION	MC_ReadActualPosition_CAN	读取电机 1 当前实际位置模块
POSTION2	MC_ReadActualPosition_CAN	读取电机 2 当前实际位置模块
AV	REACH	用户自定义模块，到达目标位置后执行
AV2	REACH2	用户自定义模块，到达目标位置后执行
SH	SHOW	用户自定义模块，显示当前楼层等信息
SH2	SHOW	用户自定义模块，显示当前楼层等信息
SW	SWITCH	用户自定义模块，判断电梯运动优先级
SW2	SWITCH	用户自定义模块，判断电梯运动优先级
JD	JUDGE_RorD	用户自定义模块，判断电梯下一步运行状态
JD2	JUDGE_RorD	用户自定义模块，判断电梯下一步运行状态
CHOOSE	CHOOSEELEVATOR	用户自定义模块，算法用于选择电梯响应

② 功能块 JUDGE_RorD（FB-FBD），见表 7-5。

表 7-5　功能块 JUDGE_RorD 变量表

名　　称	数据类型	说　　明
PS	输入 DINT	接收电梯当前位置信号
D_RISE	输入 BOOL	接收当前上升状态信号
D_DOWN	输入 BOOL	接收当前下降状态信号
FLO1	输入 BOOL	接收电梯内部 1 楼按钮信号
FLO2	输入 BOOL	接收电梯内部 2 楼按钮信号
FLO3	输入 BOOL	接收电梯内部 3 楼按钮信号
FLO4	输入 BOOL	接收电梯内部 4 楼按钮信号
FLO5	输入 BOOL	接收电梯内部 5 楼按钮信号
FLO6	输入 BOOL	接收电梯内部 6 楼按钮信号
OUT1_UP	输入 BOOL	接收电梯外部 1 楼向上按钮信号
OUT2_UP	输入 BOOL	接收电梯外部 2 楼向上按钮信号
OUT3_UP	输入 BOOL	接收电梯外部 3 楼向上按钮信号
OUT4_UP	输入 BOOL	接收电梯外部 4 楼向上按钮信号

续表

名　称	数据类型	说　明
OUT5_UP	输入 BOOL	接收电梯外部 5 楼向上按钮信号
OUT2_DOWN	输入 BOOL	接收电梯外部 2 楼向下按钮信号
OUT3_DOWN	输入 BOOL	接收电梯外部 3 楼向下按钮信号
OUT4_DOWN	输入 BOOL	接收电梯外部 4 楼向下按钮信号
OUT5_DOWN	输入 BOOL	接收电梯外部 5 楼向下按钮信号
OUT6_DOWN	输入 BOOL	接收电梯外部 6 楼向下按钮信号
RI	输出 BOOL	控制电梯上升状态
DW	输出 BOOL	控制电梯下降状态

③ 功能块 REACH（FB-SFC），见表 7-6。

表 7-6　功能块 REACH 变量表

名　称	数据类型	说　明
ISDONE	输入 BOOL	接收到达目的地信号
CUR_POS	输入 BOOL	接收电梯当前位置信号
RS	输入 BOOL	接收上升状态信号
DW	输入 BOOL	接收下降状态信号

④ 功能块 SHOW（FB-FBD），见表 7-7。

表 7-7　功能块 SHOW 变量表

名　称	数据类型	说　明
RIS	输入 BOOL	接收上升状态信号
DOW	输入 BOOL	接收下降状态信号
POS	输入 DINT	接收电梯当前位置信号
SHOW_FLOOR1	输出 BOOL	输出显示当前位置为 1 楼信号
SHOW_FLOOR2	输出 BOOL	输出显示当前位置为 2 楼信号
SHOW_FLOOR3	输出 BOOL	输出显示当前位置为 3 楼信号
SHOW_FLOOR4	输出 BOOL	输出显示当前位置为 4 楼信号
SHOW_FLOOR5	输出 BOOL	输出显示当前位置为 5 楼信号
SHOW_FLOOR6	输出 BOOL	输出显示当前位置为 6 楼信号

⑤ 功能块 SWITCH（FB-SFC），见表 7-8。

表 7-8　功能块 SWITCH 变量表

名　称	数据类型	说　明
IN_POTI	输入 DINT	接收电梯当前位置信号
RIS	输入 BOOL	接收当前上升状态信号

名　　称	数据类型	说　　明
DOW	输入 BOOL	接收当前下降状态信号
FLOR1	输入 BOOL	接收电梯内部 1 楼按钮信号
FLOR2	输入 BOOL	接收电梯内部 2 楼按钮信号
FLOR3	输入 BOOL	接收电梯内部 3 楼按钮信号
FLOR4	输入 BOOL	接收电梯内部 4 楼按钮信号
FLOR5	输入 BOOL	接收电梯内部 5 楼按钮信号
FLOR6	输入 BOOL	接收电梯内部 6 楼按钮信号
OUT_FL1_UP	输入 BOOL	接收电梯外部 1 楼向上按钮信号
OUT_FL2_UP	输入 BOOL	接收电梯外部 2 楼向上按钮信号
OUT_FL3_UP	输入 BOOL	接收电梯外部 3 楼向上按钮信号
OUT_FL4_UP	输入 BOOL	接收电梯外部 4 楼向上按钮信号
OUT_FL5_UP	输入 BOOL	接收电梯外部 5 楼向上按钮信号
OUT_FL2_DOWN	输入 BOOL	接收电梯外部 2 楼向下按钮信号
OUT_FL3_DOWN	输入 BOOL	接收电梯外部 3 楼向下按钮信号
OUT_FL4_DOWN	输入 BOOL	接收电梯外部 4 楼向下按钮信号
OUT_FL5_DOWN	输入 BOOL	接收电梯外部 5 楼向下按钮信号
OUT_FL6_DOWN	输入 BOOL	接收电梯外部 6 楼向下按钮信号
VEL	输出 INT	控制电梯运行速度
POS	输出 DINT	控制电梯运行位置
EXE	输出 BOOL	上升沿触发使电梯运行

⑥ 功能块 Wait（FB-IL），见表 7-9。

表 7-9　功能块 Wait 变量表

名　　称	数据类型	说　　明
TIME_IN	输入 TIME	接收设定的时间信号
OK	输出 BOOL	延时时间到时，其值变为真

⑦ 功能块 CHOOSEELEVATOR（FB-ST），见表 7-10。

表 7-10　功能块 CHOOSEELEVATOR 变量表

名　　称	数据类型	说　　明
PSN1	输入 DINT	接收电梯 1 当前位置
PSN2	输入 DINT	接收电梯 2 当前位置
OUP1	输入 BOOL	接收电梯外部 1 楼向上按钮信号
OUP2	输入 BOOL	接收电梯外部 2 楼向上按钮信号
OUP3	输入 BOOL	接收电梯外部 3 楼向上按钮信号
OUP4	输入 BOOL	接收电梯外部 4 楼向上按钮信号

续表

名　　称	数据类型	说　　明
OUP5	输入 BOOL	接收电梯外部 5 楼向上按钮信号
ODOWN2	输入 BOOL	接收电梯外部 2 楼向下按钮信号
ODOWN3	输入 BOOL	接收电梯外部 3 楼向下按钮信号
ODOWN4	输入 BOOL	接收电梯外部 4 楼向下按钮信号
ODOWN5	输入 BOOL	接收电梯外部 5 楼向下按钮信号
ODOWN6	输入 BOOL	接收电梯外部 6 楼向下按钮信号
DPSN1	输入 DINT	接收电梯 1 目标位置
DPSN2	输入 DINT	接收电梯 2 目标位置
E1_OUP1	输出 BOOL	为电梯 1 输出外部 1 楼向上按钮信号
E1_OUP2	输出 BOOL	为电梯 1 输出外部 2 楼向上按钮信号
E1_OUP3	输出 BOOL	为电梯 1 输出外部 3 楼向上按钮信号
E1_OUP4	输出 BOOL	为电梯 1 输出外部 4 楼向上按钮信号
E1_OUP5	输出 BOOL	为电梯 1 输出外部 5 楼向上按钮信号
E1_ODN2	输出 BOOL	为电梯 1 输出外部 2 楼向下按钮信号
E1_ODN3	输出 BOOL	为电梯 1 输出外部 3 楼向下按钮信号
E1_ODN4	输出 BOOL	为电梯 1 输出外部 4 楼向下按钮信号
E1_ODN5	输出 BOOL	为电梯 1 输出外部 5 楼向下按钮信号
E1_ODN6	输出 BOOL	为电梯 1 输出外部 6 楼向下按钮信号
E2_OUP1	输出 BOOL	为电梯 2 输出外部 1 楼向上按钮信号
E2_OUP2	输出 BOOL	为电梯 2 输出外部 2 楼向上按钮信号
E2_OUP3	输出 BOOL	为电梯 2 输出外部 3 楼向上按钮信号
E2_OUP4	输出 BOOL	为电梯 2 输出外部 4 楼向上按钮信号
E2_OUP5	输出 BOOL	为电梯 2 输出外部 5 楼向上按钮信号
E2_ODN2	输出 BOOL	为电梯 2 输出外部 2 楼向下按钮信号
E2_ODN3	输出 BOOL	为电梯 2 输出外部 3 楼向下按钮信号
E2_ODN4	输出 BOOL	为电梯 2 输出外部 4 楼向下按钮信号
E2_ODN5	输出 BOOL	为电梯 2 输出外部 5 楼向下按钮信号
E2_ODN6	输出 BOOL	为电梯 2 输出外部 6 楼向下按钮信号

7.1.3　系统实现

1. LMC20 编程实现

CodeSys 的模块总的可以分成三大类，本案例中用到其中两类，分别是 PRG（Program）及 FB（Function Block）。本例中用到主程序块 PLC_PRG 一个，FB 七个，分别是 WAIT，JUDGE_RorD，SWITCH，REACH，REACH2，SHOW，CHOOSEELEVATOR，依次根据 7.1.2 节中的设计进行编程。

（1）主程序 PLC_PRG

主程序调用已有的，以及根据用户需要建立的模块通过输入输出口的连接实现目标任务，图形化的语言使理解更为容易，其总体结构如图 7-13 所示。

图中方框内所标的等模块为软件自带模块，分别为电机绝对位置控制模块、电机电源模块、读取电机当前位置模块。

电机绝对位置控制模块如图 7-14 所示。它是一个绝对定位的电机运动模块。Position 输入口输入的是电机运动终点的绝对位置（可正可负），Velocity 输入口输入的是电机的速度（速度也可正可负）。Execute 的作用是只有当其接收一个上升沿时输入的 Position 及 Velocity 有效且电机执行相应的运动。Done 在运动完成时输出高电平。

图 7-13　主程序块

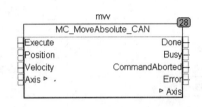

图 7-14　MC_MoveAbsolute_CAN 模块

电机电源模块如图 7-15 所示，用来对伺服电机使能。Input 为 Enable 端的输入，当正常使能时 Status 输出高电平，有错误时 Error 输出高电平。

读取电机当前位置模块如图 7-16 所示，可读取电机现在的绝对位置，用于之后的逻辑判断。

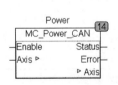

图 7-15　MC_Power_CAN 模块

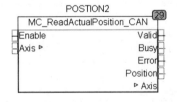

图 7-16　MC_ReadActualPositon_CAN 模块

（2）升降状态判定（JUDGE_RorD）模块

此模块用来实现判断电梯的下一运动方向是该朝上还是朝下。实现思路为通过当前电梯的状态 D_RISE，D_DWON 及电梯中按钮、电梯外按钮的具体状态，还有当前所在位置等共 19 个变量，得到下一步的上升或下降状态两个输出，如图 7-17 所示。

图 7-18 所示单元为电梯在某种情况下的判定，即电梯在 2，3 层之间，且当时运动状态为向上，那么此状态下第 3 层、第 4 层、第 5 层、第 6 层中存在至少一个呼叫时，得到电梯的下一状态为上升运动。其余情况的判定方法基本相似的，此处不详细阐述。

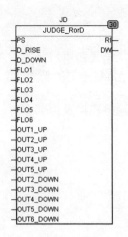

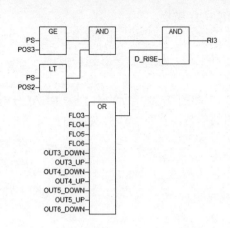

图 7-17　功能块 JUDGE_RorD 输入输出模型　　图 7-18　功能块 JUDGE_RorD 内部实现

（3）选择目标楼层（SWITCH）模块

SWITCH 模块所要实现的是单步电梯运行时具有优先级，通过此模块可以根据按钮情况选择应当响应的楼层。同 JUDGE_RorD 一样，SWITCH 功能块也有 19 个输入，并用其作为判断依据。具体思路如下：当电梯的下一个状态经 JUDGE_RorD 判断为上升，那么根据电梯现在所处的位置很容易判断下一些楼层的优先级（假设电梯在 1，2 层之间，那么第 2 层向上的呼叫优先级大于第 3 层向上的呼叫，也大于同为第 2 层的向下的呼叫），下降情况类似。CodeSys 中的顺序图语言使用选择分支实现优先级的判定，SWITCH 功能块的输入/输出模型如图 7-19 所示。

选择电梯时先通过上升下降状态判断选择对应分支，然后根据优先级依次判定每个分支，不满足则进入下一分支判断，满足要求时对电梯发出信号命令，确定其目标位置及速度。图 7-20 为内部实现结构图。

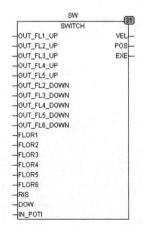

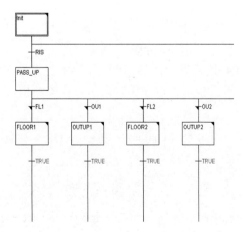

图 7-19　功能块 SWITCH 输入/输出模型　　图 7-20　功能块 SWITCH 内部实现

（4）REACH 模块

REACH 模块用于实现当电梯到达对应位置时，在人机界面上显示对应状态，例如，模拟电梯的开关门，模拟电梯开关门时间为 2s，并改变上升、下降状态显示，表明到达的楼层状态。

如图 7-21 和图 7-22 所示，分别为 REACH 模块输入/输出模型及内部实现，同样采用的是顺序图的语言，在每一步中实现对应变量的设置。

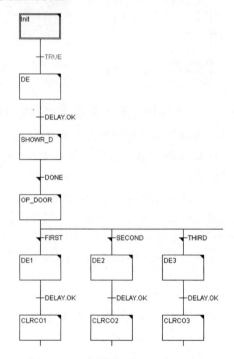

图 7-21　功能块 REACH 输入/输出模型　　　　图 7-22　功能块 REACH 内部实现

（5）状态显示（SHOW）模块

SHOW 模块模型及部分程序编写参见图 7-23 和图 7-24，该模块用于电梯运行中显示电梯所在当前楼层，程序编写采用方块图结构，考虑各种情况，分别用于不同楼层状态的显示。

（6）信号分配（CHOOSEELEVATOR）模块

该功能块实现信号选择分配的功能，对于两部乃至多部电梯必须对外部信号进行合理分配，选择合适的电梯进行响应。采用结构化文本（ST）语言的方式，通过类同于 C 语言的 IF，ELSE 语句，实现条件的判断，主要获取当前位置及读取的目标位置，通过逻辑判断，合理判断哪部电梯进行响应更快，根据这样的原则进行信号的分配。

通过简单的长度距离比较，利用判断语句，对外部输出置 0 或 1 达到分配信号的目的。功能块 CHOOSEELEVATOR 输入/输出模型如图 7-25 所示，功能块内部实现如图 7-26 所示。

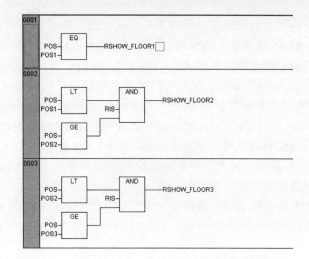

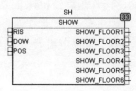

图 7-23　功能块 SHOW 输入/输出模型　　　　　图 7-24　功能块 SHOW 内部实现

```
(*FLOOR_UP1*)
IF OUP1 THEN
    IF(DPSN1>=DPSN2) THEN E1_OUP1:=TRUE; E2_OUP1:=FALSE;
        ELSE E1_OUP1:=FALSE; E2_OUP1:=TRUE;
    END_IF;
ELSE E1_OUP1:=FALSE; E2_OUP1:=FALSE;
END_IF;

(*FLOOR_UP2*)
IF OUP2 THEN
    IF( PSN1=DPSN1 AND PSN2=DPSN2) THEN
        IF ABS(PSN1-POS2)<=ABS(PSN2-POS2) THEN E1_OUP2:=TRUE; E2_OUP2:=FALSE;
        ELSE E1_OUP2:=FALSE; E2_OUP2:=TRUE;
        END_IF;

    ELSIF ( PSN1=DPSN1 AND PSN2<>DPSN2) THEN
        IF(PSN2>DPSN2) THEN
            IF (PSN2>=POS2) THEN
                IF ABS(PSN2-POS2) THEN E1_OUP2:=TRUE; E2_OUP2:=FALSE;
                ELSE E1_OUP2:=FALSE; E2_OUP2:=TRUE;
                END_IF;
            ELSE
                IF ABS(PSN1-POS2) <=(ABS(PSN2-DPSN2)+ABS(DPSN2-POS2))THEN E1_OUP2:=TRUE; E2_OUP2:=FALSE;
                ELSE E1_OUP2:=FALSE; E2_OUP2:=TRUE;
                END_IF;
            END_IF;
        ELSE
            IF ABS(PSN1-POS2)<=(ABS(PSN2-DPSN2)+ABS(DPSN2-POS2))THEN E1_OUP2:=TRUE; E2_OUP2:=FALSE;
            ELSE E1_OUP2:=FALSE; E2_OUP2:=TRUE;
            END_IF;
        END_IF;
END_IF;
```

图 7-25　功能块 CHOOSEELEVATOR 输入/输出模型　　　图 7-26　功能块内部实现

2．HMI 编程实现

此部分可以参见 6.1.3 节中的步骤进行，具体的画面和变量均按照 7.1.2 节中的设计进行。

7.2　三轴直线联动演示系统

7.2.1　案例引言

在实际生产过程中，数控机床的运用非常广泛，数控系统控制几个坐标轴按需要的函数关系同时协调运动，称为坐标联动，按照联动轴数可以分为以下几种：

① 两轴联动。机床可以在 X，Y 轴上运动，但是由于仅能在一个平面上运动，使得进刀、退刀等方面受限较大。

② 两轴半联动。在两轴的基础上增加了 Z 轴的移动，当机床坐标系的 X，Y 轴固定时，Z 轴可以作周期性进给。两轴半联动加工可以实现分层加工，但是不易进行曲面加工。

③ 三轴联动。数控机床能同时控制三个坐标轴的联动，用于一般曲面的加工，一般的型腔模具均可以用三轴加工完成。

④ 多坐标联动数控机床能同时控制四个以上坐标轴的联动，多坐标数控机床的结构复杂，精度要求高、程序编制复杂，适合于加工形状复杂的零件，如叶轮叶片类零件。

本案例就是基于施耐德电气的运动控制器 LMC20、伺服驱动器、伺服电机及人机界面、三轴联动物理模型等设备，设计搭建了一个三轴直线联动演示系统。

7.2.2 方案设计

1. 系统功能

本系统搭建了一个 X，Y，Z 三轴联动的装置，三个坐标轴上的电机分别控制各个轴向的运动。为了准确实现三轴联动，三个伺服电机必须同时启动同时停止，否则会对模型产生很大的扭转力矩，损坏装置。可用两种不同模式来控制三维模型：

（1）点对点控制模式

在该模式下，用户可在人机界面上输入相应三维坐标和速度，模型将沿直线运动到相应位置，从而实现点对点控制。

该模式利用了软件中的点对点控制模块，上位机采用高级语言编制控制程序，从而读/写运动控制器中的保持寄存器地址，实现对终点坐标（X，Y，Z）和运动速度 N 的下发并完成状态读取，再经过运算来实现速度矢量的分解，最终达到 XYZ 三轴坐标的绝对位置直线联动。

（2）手动控制模式

该模式采用了软件中的速度控制模块，通过人机界面上的按钮，可实现控制某一轴的运动与停止，或两轴、三轴的联动，电机转速由程序内部默认设置，可通过编译程序改变默认速度值。

系统实物模型及控制系统如图 7-27 和图 7-28 所示。

2. 硬件组成

（1）系统硬件总体结构

三轴直线联动系统采用总线控制，实现对 X，Y，Z 三轴联动装置的运行控制。该系统的硬件设备主要包括触摸屏、运动控制器、伺服驱动器、伺服电机、总线连接器等。触摸屏和运动控制器之间通过 Modbus 协议进行通信，运动控制器和伺服驱动器之间通过

CANopen 总线进行通信，系统的结构如图 7-29 所示。

图 7-27　三轴直线联动系统模型

图 7-28　控制系统

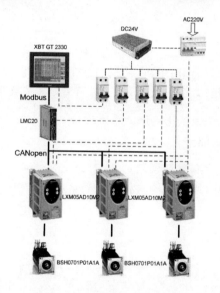

图 7-29　系统结构示意图

1）各设备的主要作用

① 触摸屏 XBT GT 2330（1 个）：用于输入 X，Y，Z 的起始和目的坐标，选择控制模式、显示运行状态等信息。

② 运动控制器 LMC20（1 个）：是进行信号逻辑处理的主要部分，读取从触摸屏获得的控制信号，并进行逻辑运算，然后把反馈信号传送给触摸屏，同时把控制信号传送给 Lexium 05 伺服驱动器。

③ 伺服驱动器 LXM05AD10M2（3 台）：接收运动控制器 LMC20 的信号，进行解析，然后产生控制信号传给伺服电机。

④ 伺服电机 BSH0701P01A1A（3 台）：接在伺服驱动器 Lexium 05A 的输出端，用于控制 X，Y，Z 轴的坐标位置。

⑤ 3P 漏电保护断路器（1 只）：220V 的交流电的总开关，给伺服驱动器和开关电源供电。

⑥ 24V 开关电源（1 只）：将 220V 的交流电转化为 24V 的直流电，为触摸屏、运动控制器及伺服驱动器提供工作电源。

⑦ 2P 断路器（5 只）：24V 直流电开关，分别给 HMI，LMC20，Lexium 05 提供直流电源。

⑧ 行程开关（3 只）：在 X 轴、Y 轴、Z 轴终端安装，电机运行到终端后发信号给运动控制器，停止电机。

⑨ Modbus 电缆：连接触摸屏与运动控制器，实现它们之间的信号传输。

⑩ CAN 总线电缆和连接器、适配器：连接运动控制器与三个伺服驱动器。

⑪ 三轴直线联动模拟平台。

2）系统工作过程

触摸屏作为人机交互界面，接收人为输入的加工信息，然后经 Modbus 总线传给运动控制器；运动控制器读取从触摸屏获得的信号，经逻辑运算后将控制信号经 CANopen 总线传送给伺服驱动器，同时把系统运行状态反馈给触摸屏；伺服驱动器接收运动控制器的动作信号，解析后发出控制信号给伺服电机；伺服电机通过电机反馈电缆连到伺服驱动器的电机位置编码器上，以实时读取电机转速、运行位置等信息，最终按照要求实现三轴直线联动。

（2）触摸屏和运动控制器的 Modbus 总线连接

请参见 7.1.2 节中相应部分。

（3）运动控制器和三台伺服驱动器的 CANopen 总线连接

运动控制器与三台伺服驱动器的 CANopen 总线连接采用菊花链式结构，具体请参见 7.1.2 节中相应部分。

3. 参数配置及软件设计

（1）HMI 参数配置

请参见 7.1.2 节中相应部分。

（2）LMC20 参数配置

1）与伺服驱动器进行通信时的设置

在新建工程时（按照 5.2.1 节"LMC20 中的设置"用模板新建一个工程），将三个电机的地址分别配置为 2，3，4，波特率设置为 500Kb/s，见表 7-11，设置结果如图 7-30 所示。

表 7-11　LMC20 参数配置表

	命　名	CANopen 总线地址	波特率/Kb/s
电机 1	Drive_x	2	500
电机 2	Drive_y	3	500
电机 3	Drive_z	4	500

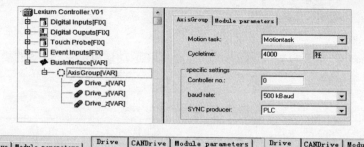

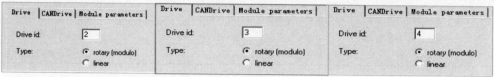

图 7-30　LMC20 参数配置图

2）与 PC 进行通信时的设置

LMC20 与上位机的连接方式有两种：通过 Modbus 总线连接的串行通信和基于以太网的通信。如果使用串行通信，则新建通道时选择 Serial（RS-232），如果使用以太网通信，则新建通道时选择 Tcp/Ip[level 2]，如图 7-31 所示，每种通信方式的具体参数配置如图 7-32 所示。（具体的设置方法可以参见 5.2.1 节 "（4）实验步骤" 中的内容）。**注意：通过以太网通信时，IP 的设置地址要与 LMC20 自己的 IP 地址相一致。**

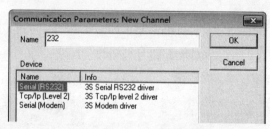

图 7-31　通信通道选择

Serial (RS232)			Tcp/Ip (Level 2)		
Name	Value	Comment	Name	Value	Comment
Port	COM1		Address	192.168.1.24	IP address or hostname
Baudrate	38400		Port	1200	
Parity	No		Blocksize	128	Must match with runtime
Stop bits	1		Motorola byteorder	No	
Motorola byteorder	No				
Flow Control	Off				

（a）串行通信参数配置　　　　　　（b）以太网通信参数配置

图 7-32　通信参数配置

（3）伺服驱动器的参数设置

Lexium 05 驱动器中 CAN 模式下波特率 ⌐obd 的设置为 500 Kb/s，三台伺服电机的地址 ⌐oRd 分别设置为 2，3，4，设置的详细流程请参见 5.1.1 及 5.1.2 节中相应部分。

（4）人机界面设计

1）图形界面

人机界面的功能主要包括：① 输入终点坐标和运动速度；② 运动的启动和运动结束的指示；③ 系统初始化；④ 模式选择。设计为 3 个界面，具体见表 7-12。

表 7-12 图形界面设计表

画面 ID	名 称	界面内容	说 明
1	模式选择界面	两种模式选择及状态显示	系统初始菜单界面
2	点对点运动模式界面	X，Y，Z 坐标、速度输入及状态显示	系统操作界面
3	手动模式界面	方向键及状态显示	系统操作界面

① 模式选择界面。模式选择界面如图 7-33 所示，按 Power 按钮电源指示灯亮，然后选择系统的运动模式，实验设计时设计了点对点运动模式和手动模式。

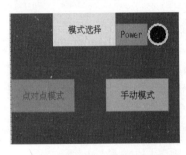

② 点对点运动模式。点对点运动模式的界面如图 7-34 所示，该模式下系统的功能为输入终点坐标（包含 X，Y，Z 三个方向坐标）和运动速度 V，按"start"按钮启动电机，运动到指定点后 Done 指示灯亮，表示运动过程已结束；按"Back"键则返回初始的选择界面。

③ 手动模式。手动模式的界面如图 7-35 所示，手动模式下系统功能描述如下。

功能：按上、下、左、右、前、后按钮，电机向相应方向移动，松开按钮停止运动；按"Back"键返回选择界面。

图 7-33 模式选择界面

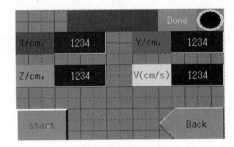

图 7-34 点对点模式界面

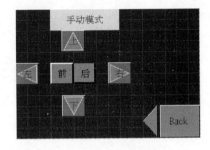

图 7-35 手动模式界面

2）变量定义

系统设计时用到的外部变量的具体定义见表 7-13。

表 7-13 变量的定义

变量名称	变量含义	数据类型	设备地址
mode1	点对点模式	BOOL	%M1
mode2	手动模式	BOOL	%M2

续表

变量名称	变量含义	数据类型	设备地址
x_to	终点横坐标	DINT	%MW1
y_to	终点纵坐标	DINT	%MW2
z_to	终点竖坐标	DINT	%MW3
v	运动的合速度	DINT	%MW4
x_right	手动模式 X 轴正转	BOOL	%MW5:X1
x_left	手动模式 X 轴反转	BOOL	%MW5:X2
y_right	手动模式 Y 轴正转	BOOL	%MW5:X3
y_left	手动模式 Y 轴反转	BOOL	%MW5:X4
z_right	手动模式 Z 轴正转	BOOL	%MW5:X5
z_left	手动模式 Z 轴反转	BOOL	%MW5:X6
power	电源指示	BOOL	%M3
done	运动结束标志	BOOL	%M4
start	启动按钮	BOOL	%M6

（5）LMC20 功能设计

1）全局变量的定义

全局变量定义，与其设备地址的声明如图 7-36 所示。

表 7-14 对这些变量进行了说明，要注意的是，设备地址要与触摸屏程序中各变量的地址相对应，具体的对应规则可以参见触摸屏的变量定义部分。

图 7-36　全局变量的定义

表 7-14　全局变量表

名　称	数据类型	设备地址	说　明
x_P	DINT	%MW1	终点横坐标
y_P	DINT	%MW2	终点纵坐标
z_P	DINT	%MW3	终点竖坐标

2）各函数及功能块的变量定义

① 主函数 PLC_PRG（PRG-CFC）见表 7-15 和表 7-16。

表 7-15　输入参数表

名　称	数据类型	说　明
power1	BOOL	点对点模式使能开关
start	BOOL	点对点模式参数设置完毕后，让电机开始运动
x_to	DINT	人机界面输入的 X 轴坐标
y_to	DINT	人机界面输入的 Y 轴坐标
z_to	DINT	人机界面输入的 Z 轴坐标

名　称	数据类型	说　明
V	INT	人机界面输入的速度
power2	BOOL	手动控制模式使能开关
start_x	BOOL	X轴驱动
start_y	BOOL	Y轴驱动
start_z	BOOL	Z轴驱动

表 7-16　输出参数表

名　称	数据类型	说　明
finish	BOOL	点对点模式目标到达指定位置后输出信号

② 子函数 MODE1 点对点控制模块（PRG-CFC）见表 7-17、表 7-18 和表 7-19。

表 7-17　子函数 MODE1 变量（VAR）表

名　称	数据类型	说　明
x_power	MC_Power	电机的上电模块
y_power	MC_Power	电机的上电模块
z_power	MC_Power	电机的上电模块
x_move	MC_MoveAbsolute	电机的绝对定位模块
y_move	MC_MoveAbsolute	电机的绝对定位模块
z_move	MC_MoveAbsolute	电机的绝对定位模块
xyz	fenliang	自定义模块 fenliang
x_read	MC_ReadActualPosition	实际位置模块
y_read	MC_ReadActualPosition	实际位置模块
x_done	done	自定义模块 done
y_done	done	自定义模块 done
z_done	done	自定义模块 done

表 7-18　子函数 MODE1 输入变量（VAR_INPUT）表

名　称	数据类型	说　明
in	BOOL	用于使能 Power 模块
start	BOOL	给 MC_MoveAbsolute execute 信号
x_to	DINT	用于给定 X 轴的位置
y_to	DINT	用于给定 Y 轴的位置
z_to	DINT	用于给定 Z 轴的位置
v	INT	给 fengliang 模块速度

表 7-19　子函数 MODE1 输出变量（VAR_OUTPUT）表

名　称	数据类型	说　明
finish	BOOL	表示运动是否结束

③ 子函数 MODE2 手动控制模块（PRG-CFC）见表 7-20 和表 7-21。

表 7-20　功能块 Water 变量表

名　称	数据类型	说　明
x_power	MC_Power	电机的上电模块
y_power	MC_Power	电机的上电模块
z_power	MC_Power	电机的上电模块
Xaxis	MC_MoveVelocity	转速控制模块
Yaxis	MC_MoveVelocity	转速控制模块
Zaxis	MC_MoveVelocity	转速控制模块

表 7-21　子函数 MODE2 输入变量（VAR_INPUT）表

名　称	数据类型	说　明
in	BOOL	用于使能 Power 模块
inx	BOOL	给 MC_MoveAbsolute EN 和 Execute 信号
iny	BOOL	给 MC_MoveAbsolute EN 和 Execute 信号
inz	BOOL	给 MC_MoveAbsolute EN 和 Execute 信号

④ 功能块 fenliang（FB-FBD）见表 7-22、表 7-23 和表 7-24。

表 7-22　功能块 fenliang 变量表

名　称	数据类型	说　明
distance	DINT	终点与起点的直线距离
xx	DINT	X 轴方向上终点与起点间的距离
yy	DINT	Y 轴方向上终点与起点间的距离
zz	DINT	Z 轴方向上终点与起点间的距离

表 7-23　功能块 fenliang 输入变量（VAR_INPUT）表

名　称	数据类型	说　明
velocity	INT	被控物体直线运动的速度
in_x	DINT	终点在 X 轴中的坐标
in_y	DINT	终点在 Y 轴中的坐标
in_z	DINT	终点在 Z 轴中的坐标

表 7-24　功能块 fenliang 输出变量（VAR_OUTPUT）表

名　称	数据类型	说　明
v_x	INT	X 轴速度
v_y	INT	Y 轴速度
v_z	INT	Z 轴速度

⑤ 功能块 done（FB-SFC）见表 7-25。

表 7-25　功能块 done 变量表

名　称	数据类型	说　明
in	输入 BOOL	来自于 MC_MoveAbsolute 的 Done 信号
start	输入 BOOL	来自于 start 信号
in_to	输入 DINT	来自于 x，y，z_to 信号
out_p	输出 DINT	新的起点坐标
control	输出 BOOL	控制信号

7.2.3　系统实现

1. LMC20 编程实现

本案例中用到主程序 PLC_PRG 一个，子函数控制 MODE1，MODE2 模块两个，功能块两个，依次根据 7.1 节中的设计进行编程。

（1）主程序 PLC_PRG

主程序 PLC_PRG，主要用于接收人机界面传输过来的信号，选择控制模式，并给予相应控制模式所需要的参数，MODE1 为点对点控制模式，MODE2 为手动控制模式，主程序模块程序图如图 7-37 所示。

（2）MODE1 点对点控制模块

MODE1 模块主要实现点对点控制电机的功能，该模块中有两个重要的自定义模块 fenliang 和 done，电机使能模块程序图如图 7-38 所示。点对点控制模块如图 7-39 所示。

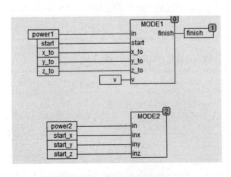

图 7-37　主程序模块

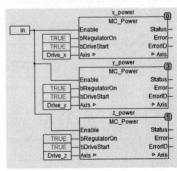

图 7-38　电机使能模块

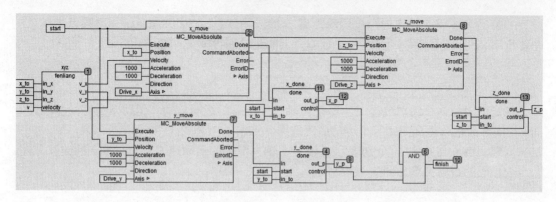

图 7-39 点对点控制模块

MC_MoveAbsolute 模块为软件自带模块，功能为实现电机点对点控制，可输入位置、速度、加速度、方向等参数。程序中另有三个变量：x_p，y_p，z_p 为全局变量，类型都为 DINT。

（3）fenliang 模块

fenliang 模块是该程序最主要的计算模块之一，其功能为计算当前位置与期望位置间的距离，并将距离分解到三个方向的相应速度上，以满足三轴联动同时到达的效果。变量定义程序及框图如图 7-40 所示。

图中，in_x，in_y，in_z 是终点在 X-Y-Z 坐标系中的坐标，且为内部变量；

velocity 是被控物体直线运动的速度；

v_x，v_y，v_z 是 X，Y，Z 三个电机轴的转速；

xx，yy，zz 是分别在 X，Y，Z，三个轴方向上终点与起点间的距离；

distance 是终点与起点的直线距离。

图 7-40 变量定义程序及框图

变量间的逻辑关系如图 7-41 所示。

其中，x_p，y_p，z_p 为上一次运动停止时终点在 X-Y-Z 坐标系下的坐标；

0001 行表示在 X 轴方向上将终点位置 in_x 与起点位置 x_p 相减得到 X 轴方向电机运动距离 xx；

同理，0002 行与 0003 行分别表示 Y 轴和 Z 轴方向电机运动距离 yy 和 zz。

0004 行表示将 xx，yy，zz 三个值平方相加之后再开根，得到终点与起点之间距离 distance，即

$$\sqrt{(xx)^2 + (yy)^2 + (zz)^2} = \text{distance}$$

0005 行表示将 X 轴方向电机运动距离 xx 除以物体总运动距离 distance 再乘以物体总运动速度 velocity，即可得到物体在 X 轴方向上的运动速度 v_x，即

$$v\_x = \frac{xx}{\text{distance}} \times \text{velocity}$$

这是由于物体在运动过程中，其在 X 轴上的投影的运动与物体运动本身是同步的，时间 t 相同。故运动距离的比等于运动速度的比，推出以上公式。

同理，0006 与 0007 行分别表示 X 轴与 Y 轴方向上的运动速度 v_y 与 v_z 的计算方法。变量间的逻辑关系如图 7-41 所示。

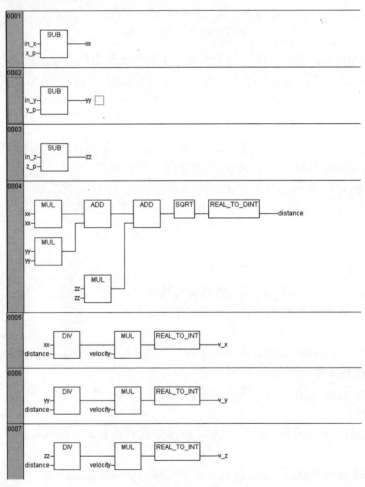

图 7-41　变量间的逻辑关系图

（4）done 模块

done 模块主要用于将当前的终点坐标值赋值给下次运动电机的起点坐标值。由电机控

制部分输出的 done 信号作为输入，同时输入各自的终点坐标值。当 in 完成信号为高之后，便将输入 in_to 的值传给 out_p，同时将 control 信号置位。当三轴的 control 信号均为高之后，通过一个与门输出三个电机的最终位置，整体传值给完成信号 finish。同时当下次参数输入，重新开始运行时，start 置位，control 复位，finish 复位。图 7-42 为程序图，该程序使用 SFC 语言编写。

（5）MODE2 模块

MODE2 模块为手动控制模式，它利用软件中自带的转速控制模块 MC_MoveVelocity，实现对不同轴的分别控制，其中默认速度为 30rpm，程序如图 7-43 所示。

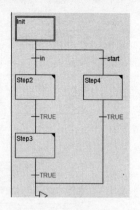

图 7-42　done 模块程序图

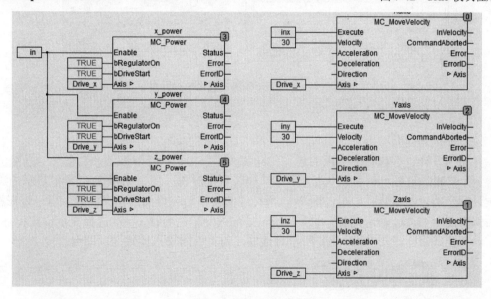

图 7-43　MODE2 模块程序图

（6）建立可视化界面

图 7-44 为程序调试时在 CoDeSys 软件中设计的可视化模拟界面，用于调试软件程序，以及设计如何与人机界面配合。图中的 MC_ReadActualPosition 模块为软件调试时使用的模块，其功能为查看当前电机坐标位置，在进行程序数据与实际尺寸换算时起到重要作用。

2．HMI 编程实现

（1）新建工程

新建工程的方法可以参见本书 4.1.3 节"（4）实验步骤 1）创建工程"中的内容，该工程的通信参数设置可以参考 7.2.2 节"通信参数配置"中的 HMI 参数设置。

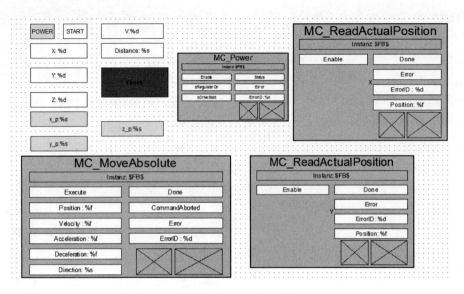

图 7-44　MODE1 模块可视化模拟界面

（2）变量定义（图 7-45）

（3）界面的设计

　　界面的设计过程包括文本框的添加，开关按钮添加，指示灯添加和数值显示功能的添加等，具体添加过程可以参见 4.1.3 节中"（4）典型对象添加"。下面仅以数值显示的添加为例进行介绍。在工具栏中单击图 7-46 所标记的按钮后在界面的适当位置拉出一矩形框，之后弹出图 7-47（a）所示的提示框，在变量处输入变量的名称 x_to，选择显示位数和格式；单击输入模式后弹出图 7-47（b）所示对话框，勾上启用输入模式选项即可。

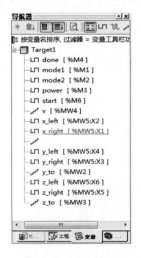

图 7-45　变量定义

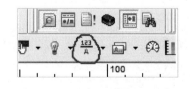

图 7-46　工具栏

（a）提示框

（b）对话框

图 7-47　数值显示设置

7.3　双泵供水演示系统

7.3.1　案例引言

在现代供水系统中，电机、变频器、控制器是核心设备。电机用来拖动水泵，实现抽水的功能，变频器可以使电机的转速平滑地变化，以此来改变流量，取代了原先用挡板、阀门来控制流量的做法，从而达到了节能降耗的目的，应用越来越广泛。而且通过使用运动控制器或可编程逻辑控制器可以对变频器进行总线控制，以实现对电机运行状态的实时监控，灵活地控制水泵的运行。

本案例就是基于施耐德电气的运动控制器、变频器、异步电机及人机界面等设备，设计搭建了一套双泵供水模拟系统，实现根据不同用水情况及水泵工作状况合理的控制水泵运行的功能。

7.3.2　方案设计

1. 系统功能

本系统模拟两台水泵组成的供水系统，系统的功能示意如图 7-48 所示。

主泵和辅泵都向一个储水池送水，水池承担向周围地区供水的任务。根据储水池的用水量及主泵的工作状态来确定两台泵的动作，可分为以下几类情况。

（1）主泵正常情况下

当用水量小于 50% 时，两水泵均不动作。当用水量大于等于 50% 时，主泵开始以低速供水，辅泵依旧不动作。当用水量大于等于80%时，两泵同时以高速供水。

当用水量减少，又小于80%，但大于等于50%时，主泵从高速供水转为用低速供水，同时辅泵从高速供水转为停止状态。当用水量继续减少，又小于50%时，主泵也停止。

（2）主泵故障情况下

当主泵有故障时，主泵始终处于不动作的状态。当用水量小于50%时，辅泵不动作。当用水量大于等于50%时，但小于80%时，辅泵开始以低速供水。当用水量大于等于80%时，辅泵以高速供水。

（3）前两种状态相互转化的情况下

该情况模拟主泵在正常运行时突然出现故障，或者故障修复，重新投入运行的情况。

在上述的两种情况下，水泵系统都需要迅速切换，以立即做出当前状态下应该做出的动作。例如，在用水量为50%～80%时，主泵前一状态为正常运行，则主泵以低速运动，辅泵不运动。此时，主泵突然故障，则主泵应该停止运动，同时辅泵开启，以低速运动。又如，在用水量大于80%时，主泵前一状态为故障，则主泵停止不动作，而辅泵高速运行，如果此时主泵检修完毕又恢复正常状态，那么主泵以高速运动，而辅泵也依旧保持高速运行。在其他的情况下，也可以做类似的分析，在此不作详细阐述。

在该模拟系统中，用变频器ATV71来控制异步电机的启动、停止，以及运转速度，以此来模拟水泵运行；用运动控制器LMC20编程，控制变频器的运行，它通过总线与触摸屏、变频器相连，最终实现通过人机界面控制电机。其中用水量，以及故障信号，都用模拟变量来获取，可以在人机界面上模拟这些信号。在实际运用过程中，可以使用传感器检测水位信息和故障信号，反馈给运动控制器，从而达到根据这些实际信号来控制电机的运转。

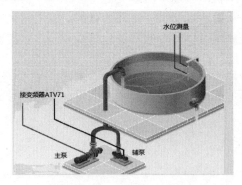

图7-48 供水系统功能示意图

2. 硬件组成

（1）系统硬件总体结构

双泵供水演示系统采用总线控制，实现对两个水泵的变频控制。该系统的硬件设备主要包括触摸屏、运动控制器、变频器、三相异步电机、总线连接器等。触摸屏和运动控制器之间通过 Modbus 协议进行通信，运动控制器和变频器之间通过 CANopen 总线进行通信。系统的结构如图 7-49 所示。

　　1）各设备的主要作用

　　① 触摸屏 XBT GT 2330（1 个）：用于水位量加减、故障量的模拟、信号控制的输入及状态信息的显示。

　　② 运动控制器 LMC20（1 个）：是进行信号逻辑处理的主要部分，用 CoDeSys 软件对其进行程序编写，可以从触摸屏获得输入信号，处理后的输出信号通过总线传输给变频器，以控制变频器的运行。

　　③ 变频器 ATV71HU22N4（2 台）：接收运动控制器 LMC20 所传来的信号，进行交直流的转化，达到变压变频的效果，驱动异步电机。

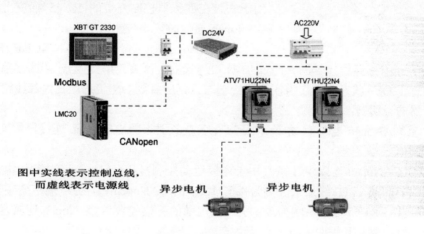

图 7-49　系统硬件连接示意图

　　④ 异步电机（2 台）：接在变频器 ATV71 的输出端，实现转速连续平滑的变化，用于模拟水泵运行。

　　⑤ 3P 漏电保护断路器（1 只）：220V 的交流电的总开关，给伺服驱动器和开关电源供电。

　　⑥ 24V 开关电源（1 只）：将 220V 的交流电转化为 24V 的直流电，为触摸屏及运动控制器提供工作电源。

　　⑦ 2P 断路器（2 只）：24V 直流电开关，分别给 HMI，LMC20 提供直流电源。

　　⑧ Modbus 电缆：连接触摸屏与运动控制器，实现它们之间的信号传递。

　　⑨ CAN 总线电缆和连接器、适配器：连接运动控制器与两个变频器，具体连接下面进行详细阐述。

　　2）系统工作过程

　　触摸屏作为人机交互界面，接收人为输入的各种运行要求，然后经 Modbus 总线传给运动控制器；运动控制器读取从触摸屏获得的信号，运算后将控制信号经 CANopen 总线传送给变频器 ATV71，同时把系统状态反馈给触摸屏；变频器接收运动控制器的动作信号，解析后发出控制信号给异步电机，以实现电机的运转。

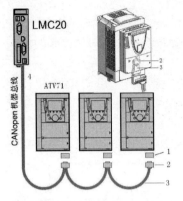

图 7-50　CANopen 总线连接图

（2）触摸屏和运动控制器的 Modbus 总线连接

请参见 7.1.2 节中相应部分。

（3）运动控制器和两台变频器的 CANopen 总线连接

运动控制器与两台变频器的 CANopen 总线连接采用菊花链式结构，连接方式如图 7-50 所示。

各元件的主要作用如下：

① CANopen 适配器 VW3 CAN A71（2 个）（图 7-51）：用于安装在变频器控制终端的 RJ-45 插座上（多台变频器 CANopen 通信必须安装此适配器）。

② CANopen 连接器 VW3 CAN KCDF 180T（2 个）（图 7-52）：带有线路终止器的 9 路 SUB-D 母连接器（可被禁用）。当连接两线路时，其上的开关应置于 OFF 状态，而作为在线路终端时，则应打到 ON 状态。其内部线路图可以参见该连接器的说明书。

③ CANopen 电缆（1 条）：用于装在各变频器上的 CANopen 连接器的连接，可以自己进行制作。

④ CANopen 连接线（1 条）：用于连接运动控制器和 CANopen 连接器。由一根 CANopen 总线改装而成，该总线原来一端为接 LMC20 的 CANopen 口，另一端接变频器的 CANopen 口，可以将 RJ-45 连接头端剪掉，引出其内部的三根线来与 CANopen 连接器连接（具体制作方法可以参见其说明手册）。

VW3 CAN A71

图 7-51　CANopen 适配器

VW3 CAN KCDF 180T

图 7-52　CANopen 连接器

3．参数配置及软件设计

（1）HMI 参数配置

请参见 7.1.2 节中相应部分。

（2）LMC20 参数配置

1）在新建工程时的配置

可以按照 5.2.1 节"LMC20 中的设置"用模板来新建一个工程，针对其用来控制变频器，可以进行下一步的配置，具体做法可以参见 5.4.1 节中的"LMC20 中的设置"，但由于控制的变频器台数又有所增加，所以，要将两台水泵的地址都进行配置，可以将它的地址分别配置为 2，3，波特率依旧设置为 500Kb/s，见表 7-26，设置结果如图 7-53 所示，要注意的是，在变频器 ATV71 的设置中，也要将两台变频器的地址分别设为 2 和 3，将波特率设为 500Kb/s。

表 7-26　LMC20 参数配置表

	命　名	CANopen 总线地址	波特率/Kb/s
变频器 1	Drive1	3	500
变频器 2	Drive2	2	500

2）与 PC 进行通信时的设置

将程序烧入 LMC20 时要将 LMC20 与上位机相连接，有两种方式，即串行通信和以太网通信。如果选择使用串行通信，则新建通道时选择 Serial（RS-232）；如果选择使用以太网通信，则新建通道时选择 Tcp/Ip[level 2]，具体的参数配置如图 7-54（a）、图 7-54（b）所示。具体的设置方法可以参见 5.2.1 节"（4）实验步骤"中的内容，要注意的是，选择以太网通信时，设置 IP 的地址要与 LMC 自己的 IP 地址相一致。

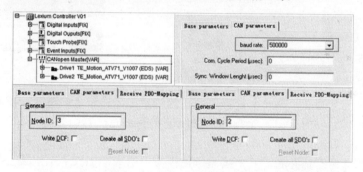

图 7-53　LMC20 参数配置图

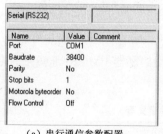

（a）串行通信参数配置

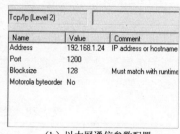

（b）以太网通信参数配置

图 7-54　通信参数设置

（3）ATV71 参数配置

为了使用 CANopen 通信控制电机，需要对变频器在控制方式和通信参数两方面进行设置，具体可以参见 5.3.2 节中相应部分。

注意：一台变频器的 CANopen 地址为 2，另一台变频器的 CANopen 地址为 3。

（4）HMI 功能设计

1）图形画面（表 7-27）

表 7-27　图形画面设计表

画面 ID	名　　称	画面内容	说　　明
1	主菜单	文本，"说明"按钮，"进入"按钮	系统主菜单页面
2	系统说明	文本，"返回"按钮	系统功能说明页面
3	操作界面	"用水增加"按钮，"用水减少"按钮，"主泵故障"按钮，变量显示，垂直棒状图，"返回"按钮	系统操作界面

建立好的图形画面如图 7-55 所示。

水泵控制系统

本系统实现的功能是，在用水量超过 59 时，主泵开始低速支行，用水量超过 80 时辅泵也开始运行，此时两泵都为高速支行。如果检测到主泵有故障，则主泵停止运行。

说明　进入　　返回

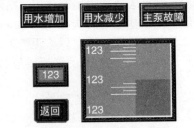

图 7-55　图形画面设计

程序一共有三个画面，第一个是进入系统的画面，会显示"水泵运动控制系统"，并且有按钮可以进入其他界面。第二个画面是系统说明的画面，其中简要地介绍了该系统的功能，并有"返回"按钮。

第三个界面，是控制界面，三个按钮分别模拟"用水增加"、"用水减少"、以及"主泵故障"。垂直棒状图动态地显示当前的水位，即橙色表示的水位会随着 volume 值的变化而升降，而垂直棒状图左侧的数值显示框，则会实时地显示当前 volume 的值。

2）变量定义

定义的变量主要有离散型、整型两种类型，所有的变量均为外部变量，其值即为 LMC20 程序中对应的全局变量的值，通过与运动控制器 LMC20 通信来获取数据。变量的设计见表 7-28。

表 7-28　变量定义表

名　　称	数据类型	数据源	对应关系	说　　明
addwater	离散型	外部	与 LMC20 程序中的全局变量 addwater 对应	按下则用水量增加 10
error	离散型	外部	与 LMC20 程序中的全局变量 error 对应	按下则表示主泵有故障 再按则表示主泵回归正常状态

续表

名　称	数据类型	数据源	对应关系	说　明
reducewater	离散型	外部	与 LMC20 程序中的全局变量 reducewater 对应	按下则用水量减少 10
volume	整型	外部	与 LMC20 程序中的全局变量 volume 对应	存储用水量的大小

根据上面的变量设计表，右击导航器中的 variables 选项卡，可以新建变量如图 7-56 所示。

	名称	数据类型	数据源	扫描组	设备地址	报警组
1	⊓ addwater	BOOL	外部	ModbusEquipm	%MW3:X0	禁用
2	⊓ error	BOOL	外部	ModbusEquipm	%MW3:X2	禁用
3	⊓ reducewater	BOOL	外部	ModbusEquipm	%MW3:X1	禁用
4	volume	UINT	外部	ModbusEquipm	%MW4	禁用

图 7-56　触摸屏程序中的变量定义

要注意的是，每一个变量的设备地址都要与 LMC20 程序中各变量的设备地址相对应。例如，将 Bool 类型的变量 addwater 的设备地址设为%MW3:X0，之后 LMC20 中全局变量 addwater 的地址就应该写为 addwater AT %MX3.0，又如，Uint 类型的变量 volume 的设备地址设为%MW4，则之后 LMC20 中全局变量 volume 的地址就应该写为 volume AT %MW4。这是因为 LMC20 和触摸屏中对 bool 型变量的表示有所不同，bool 型地址占一个字节，运动控制器中可用%MX3.1 这样的形式表示，人机界面中则表示为%MW3:X1。而 int 型变量则是相同的，它的地址占一个字，运动控制器中可用%MW2 这样的形式表示，人机界面中也表示为%MW2。

（5）LMC20 功能设计

1）全局变量的定义

全局变量定义与其设备地址的声明如图 7-57 所示。

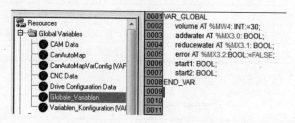

图 7-57　全局变量的定义

表 7-29 对这些变量做了说明，要注意的是，设备地址要与触摸屏程序中各变量的地址相对应，具体的对应规则可以参见触摸屏的变量定义部分。

表 7-29　全局变量表

名　称	数据类型	设备地址	说　明
addwater	BOOL	%MX3.0	按下则用水量增加 10
error	BOOL	%MX3.2	按下则表示主泵有故障，再按则表示主泵回归正常状态，用于模拟主泵的故障
reducewater	BOOL	%MX3.1	按下则用水量减少 10
volume	INT	%MW4	存储用水量的大小，用于模拟水池的用水量
start1	BOOL		表示变频器 1 是否使能
start2	BOOL		表示变频器 2 是否使能

2）各函数及功能块的变量定义

① 主函数 PLC_PRG（PRG-CFC）见表 7-30。

表 7-30　主函数变量表

名　称	数据类型	说　明
power1	MC_Power_ATV	变频器 1 的使能上电模块
power2	MC_Power_ATV	变频器 2 的使能上电模块
move1	MC_MoveVelocity_ATV	变频器 1 的速度控制模块
move2	MC_MoveVelocity_ATV	变频器 2 的速度控制模块
Judge	Judge	用户自定义模块，判断当前动作
water	Water	用户自定义模块，判断当前水量
read1	MC_ReadActualVelocity_ATV	读取变频器 1 当前的实际速度
read2	MC_ReadActualVelocity_ATV	读取变频器 2 当前的实际速度

② 功能块 Judge（FB-SFC）见表 7-31。

表 7-31　功能块 Judge 变量表

名　称	数据类型	说　明
vol	输入 INT	接收 volume 信号，代表当前水量
exe1	输出 BOOL	用于输出上升沿，使速度发生改变
vel1	输出 INT	设置电机 1 的转速
exe2	输出 BOOL	用于输出上升沿，使速度发生改变
vel2	输出 INT	设置电机 2 的转速

③ 功能块 Water（FB-SFC）见表 7-32。

表 7-32　功能块 Water 变量表

名　称	数据类型	说　明
addw	输入 BOOL	接收 addwater 信号
reducew	输入 BOOL	接收 reducewater 信号
delay	WAIT	自定义 WAIT 的变量 Delay
flag	UINT	标志，标记系统当前状态

④ 功能块 Wait（FB-IL）见表 7-33。

表 7-33　功能块 Wait 变量表

名　　称	数据类型	说　　明
TIME_IN	输入 TIME	接收设定的时间信号
OK	输出 BOOL	延时时间到时，其变为真

7.3.3　系统实现

1．LMC20 编程实现

（1）程序用到的主要变量定义

可以参见 7.3.2 节中"5. LMC20 功能设计"中的相应部分。

通过两个按钮 addwater 和 reducewater 模拟用水量的加减，用另外一个 BOOL 型变量 error 来模拟主泵故障状态，用一个 INT 型变量 volume 来模拟当前用水量的大小。用 BOOL 型变量 Start1 与 Start2 来使能变频器，用 BOOL 型变量 exe1 和 exe2 来给变频器的速度模块一个上升沿（只有在上升沿时，才能改变变频器的速度），用 INT 型变量 vel1 和 vel2 来给变频器赋速度值。

（2）主函数 PLC_PRG

主函数的执行过程如述，BOOL 型变量 Start1 与 Start2 赋给变频器的电源模块 MC_POWER_ATV，用来使能变频器。模块 WATER，根据加减水量按钮完成用水量的增减，并且在需要改变速度的时候给 Start 一个上升沿的脉冲。模块 JUDGE，提供 exe 的上升沿的脉冲，并且赋予速度值。最后将 exe 的上升沿的脉冲和速度值赋给运动速度模块 MC_MoveVelocity_ATV，使变频器以相应的速度转动。其中，WATER 与 JUDGE 为用户自定义的模块，而 MC_POWER_ATV 及 MC_MoveVelocity_ATV 则为 ATV71 自己的库函数的模块，主函数如图 7-58 所示。

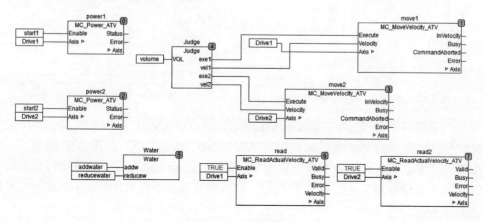

图 7-58　主函数图

（3）自定义的功能块 Judge

该模块根据当前的水量以及主泵状态来判断，两台变频器的当前速度（如果停止，则速度给定为 0；如果低速，则速度给定为 50，高速则速度给定为 100），在出口 exe1 和 exe2 输出上升的脉冲沿，同时输出速度值 vel1 和 vel2。

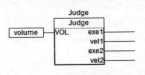

它的输入量是当前用水量 volume（内部判断时也用到了全局变量 error），输出量是速度使能 exe1 和 exe2 与速度值 vel1 和 vel2。其输入/输出模型如图 7-59 所示。

图 7-59　功能块 Judge 的
输入/输出模型

功能块 Judge 的内部实现如图 7-60 所示（用 SFC 语言编写），其实现原理是按照水量做第一次判断，分为三种情况进行考虑：一种是用水量小于 50%时，即符合 NORUN 的判断条件（如图 7-61 所示，用 FBD 语言），就执行 stop 语句；第二种情况是用水量大于等于 50%但小于 80%时，即符合 RUN1 的判断条件，就执行 run1 语句；第三种情况是用水量大于等于 80%时，即符合 RUN2 的判断条件，就执行 run2 语句。

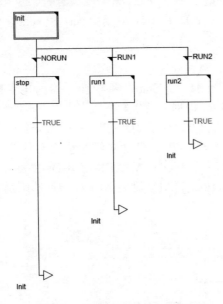

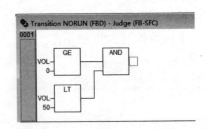

图 7-60　功能块 Judge 的内部实现　　　　图 7-61　NORUN 的判断条件

在第二层的判断中再根据主泵是否故障而执行不同的语句，以用水量大于 50%但小于 80%时，所执行的 run1 语句来具体分析。该部分用 ST 语句写成，如图 7-62 所示。

如果有主泵故障，那么主泵速度置为 0，即停止，同时辅泵设为低速运行。如果主泵正常，那么主泵速度置为 50，即正常运行，同时辅泵速度设为 0，即停止。其余情况的判定方法基本相似的。

（4）自定义的功能块 Water

该模块有多重功能，也较为复杂。它的第一个功能是根据当前是否有加减水量的按钮，来加减用水量的变量 volume，由于程序执行的速度很快，在按钮没放的时间内，程序已经循环多次，即会判断为多次按钮，因此，也要引入延时模块 WAIT，使一次按钮后，volume 值也只改变一次。该模块另外一个重要的作用是，当判断要变换速度时，就给 start 一个上升沿。

这样做的原因是观察到仅仅给 exe 一个的上升沿，以及重新赋值给 vel，不能改变电机的速度，必须同时再给 start 一个上升沿，才能顺利地改变电机的速度。

该模块的输入为 BOOL 型的变量 addwater、reducewater，在内部实现中也用到了 BOOL 型的全局变量 error。其内部有 UINT 型变量 flag 用来标记当前的状态，该模块没有输出，但是会改变 Start1，Start1 及 volume 的值。其输入/输出模型如图 7-63 所示。

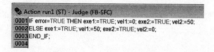

图 7-62　功能块 run1 的内部实现　　　　　图 7-63　Water 模块的输入/输出图

其编程的思路首先判断主泵是否有故障，有故障则按照故障处理，没有故障则根据按下加水键，还是按下减水键来进行处理，如果没有按钮，则一直停留在 init 步中。用 SFC 语言编写，如图 7-64（a）、图 7-64（b）所示。

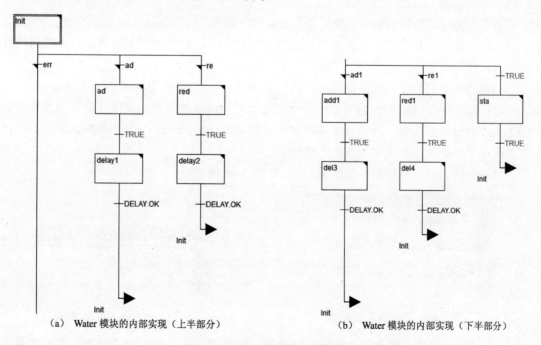

（a）Water 模块的内部实现（上半部分）　　　（b）Water 模块的内部实现（下半部分）

图 7-64　Water 模块的内部实现

以无故障加用水量为例，此时执行 ad 语句，如图 7-65 所示。

第一句 IF volume=100 THEN volume:=100；确保用水量不会超过最大值 100%。ELSE volume:=volume+10；则在用水量未到 100%时，使用水量增加 10%。flag:=0；则标记当前主泵的状态是正常状态。

IF volume=50 THEN start1:=FALSE；start2:=FALSE；END_IF；这两句的意思是当用水量达到 50%，主泵速度要改变时，赋 start1= FALSE（要说明的是，在 Init 这步中，赋 start1，start2 为 true 值）。这样在下一个循环开始的时候，start1 就会由低变高，就相当于给了一个上升沿。这样有了上升沿，在 judge 模块中又给出了 exe 的上升沿和新的速度值，速度就得以改变了。

在 ad 后还要加上 delay1 这步，用 IL 语言编写，它的功能是延时 0.2s，程序中所有其他的延时步的内部实现都与 delay1 相同，如图 7-66 所示。

```
Action ad
0001 IF volume=100 THEN volume:=100;flag:=0;
0002     ELSE volume:=volume+10;flag:=0;
0003 END_IF;
0004
0005 IF volume=50 THEN start1:=FALSE;start2:=FALSE;
0006 END_IF;
0007
0008 IF volume=80 THEN start2:=FALSE;start1:=FALSE;
0009 END_IF;
0010
```

图 7-65　ad 的内部实现

```
Action delay1 (IL) - Water (FB-SFC)
0001    CAL        DELAY(TIME_IN:=T#0.2S)
0002
```

图 7-66　delay1 的内部实现

当有故障时，则进入第一路判断条件 err 下的程序，如图 7-64（b）所示，它也分为三种情况，有加用水量按钮，减用水量按钮及无按钮，下面对有加用水量按钮及无按钮两种情况进行说明。

当有故障时且有加用水量按钮时，执行 add1 步，其内部实现如图 7-67 所示。

可以看到它与 add 的内容类似，由于在加水时，两水泵速度的变化只是在用水量变为 50 或 80 的情况下出现，所以，在这些情况下都给 start1，start2 一个上升的脉冲沿，可以确保两电机的速度都会改变为正确的速度。

当有故障时但无按钮时，执行 sta 步，如图 7-68 所示。

```
Action add1 (ST) - Water (FB-SFC)
0001 IF volume=100 THEN volume:=100;
0002     ELSE volume:=volume+10;
0003 END_IF;
0004
0005 IF volume=50 THEN start1:=FALSE;start2:=FALSE;
0006 END_IF;
0007
0008 IF volume=80 THEN start2:=FALSE;start1:=FALSE;
0009 END_IF;
0010
```

图 7-67　add1 的内部实现

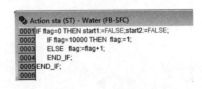

```
Action sta (ST) - Water (FB-SFC)
0001 IF flag=0 THEN start1:=FALSE;start2:=FALSE;
0002     IF flag=10000 THEN  flag:=1;
0003     ELSE  flag:=flag+1;
0004     END_IF;
0005 END_IF;
0006
```

图 7-68　sta 的内部实现

sta 步的作用是，当主泵从正常运行状态（此时 flag=0）变为故障状态，并且水量不变时，由于主泵的速度应变为 0，辅泵也可能需要开启，因此，start1，start2 都需要一个上升沿。而在此之后，如果依旧有故障且水位不变时，那么就不用再改变水泵的速度了。此时 flag 标志不为 0，即不会执行 start1:=FALSE；start2:=FALSE；的语句了，正好符合要求。

本功能块的其他语句也可做对应的解释，在此不作详细阐述。

（5）自定义的功能块 WAIT

其功能块变量定义及实现的程序分别如图 7-69（a）和图 7-69（b）所示。

（a）功能块 WAIT 的变量定义　　（b）功能块 WAIT 的功能实现

图 7-69　功能块 WAIT 的变量定义和功能实现

该功能块的输入变量为 TIME_IN，即所要延时的时间，输出为 OK，其初始值为 FALSE，延时时间到之后，OK 值即变为 TRUE，通过判断 OK 值的真假，就可以知道延时是否结束。

在 WAIT 功能块的变量定义中，声明了 WAIT 类型的变量 DELAY，在 IL 语言中写入语句 CAL　DELAY(TIME_IN:=T#0.2S)，调用该延时。

（6）加入实际速度测量模块

为了观察当前电机的速度是否和程序的预想值相同，可以加入两个观察速度的模块 MC_ReadActualVelocity_ATV，它也位于 ATV71 的库函数之中，始终给模块的使能 Enable 真值，输出 Velocity 即为电机实际的转速，如图 7-70 所示。

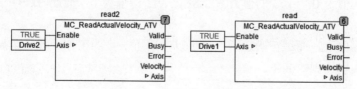

图 7-70　实际速度测量模块

（7）建立可视化界面

可视化界面如图 7-71 所示，其中增水与变量 addwater 相对应，其中减水与变量 reducewater 相对应，volume：%S 显示当前 volume 的值，而故障则与变量 error 对应。两个 MC_ReadActualVelocity_ATV，用于观察输出的实际速度。要将按钮与相关的变量或模块相对应，建立的方法可以参见 4.3.2 节中"模拟人机界面"部分，以及 4.3.3 节中"③可视化界面的建立"部分，要注意的是，addwater 与 reducewater 要设置为 Tap variable，即按下时有一个脉冲，而 error 则要设置为 Toggle variable 即按下时翻转，如图 7-72 所示。

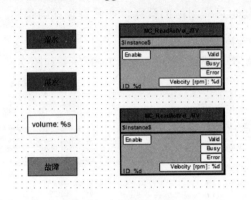

图 7-71　可视化界面

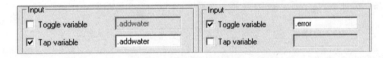

图 7-72　按钮按下后动作的设置

　　建立了可视化界面后，可以将程序烧入运动控制器（通过串行口或者以太网），并在变频器与 LMC20 用 CANopen 总线连接后，就可以在可视化界面上进行程序的调试。

　　可视化界面提供了一个方便的调试平台，我们可以根据其调试的结果，观察程序执行的路径，找到错误点的所在，然后进行纠错，直到调试正确为止。在调试中可以查看主程序，以及各子程序、功能块中的变量，也可以看到当前程序运行到的位置，如图 7-73 所示。图中显示了 Judge 这一功能块在程序运行时的状态，可以看到 VOL 的值为 0，exe1 的值为 FALSE，vel1 的值为 0，exe2 的值为 FALSE，vel2 的值为 0，而此时程序正在 Init 这一步中运行。

　　在模拟的界面上，调试正确之后，就可以考虑下一步的工作，设置全局变量的地址，为在触摸屏上实现控制做准备。

　　（8）全局变量地址的设置

　　为了与触摸屏程序中按钮地址相对应，必须对全局变量的地址做一下设置，设置时要注意的是，由于用水量 volume 是 INT 型变量，所以，要用%MW_来与其对应，而不是 BOOL 型变量的%MX_._。同时这些地址也要与触摸屏上相应按钮的地址对应，设置的结果可以参见图 7-36 相应部分。

2．HMI 编程实现

（1）新建工程

新建工程的方法可以参见 4.1.3 节 "4.实验步骤（1）创建工程" 中的相应部分，该工程的通信参数设置可以参考 7.3.2 节 "（1）HMI 参数配置" 中的相应部分。

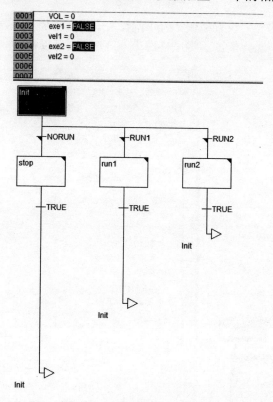

图 7-73　调试中信息的获取

（2）变量定义

具体变量的定义，如图 7-74 所示。

	名称	数据类型	数据源	扫描组	设备地址	报警组
1	⌐ addwater	BOOL	外部	ModbusEquipm	%MW3:X0	禁用
2	⌐ error	BOOL	外部	ModbusEquipm	%MW3:X2	禁用
3	⌐ reducewater	BOOL	外部	ModbusEquipm	%MW3:X1	禁用
4	↗ volume	UINT	外部	ModbusEquipm	%MW4	禁用

图 7-74　触摸屏程序中的变量定义

（3）界面的设计

可以参见 7.3.2 节中 "3.（4）HMI 功能设计" 部分。

（4）界面建立的方法

以最为复杂的操作界面为例，如图7-75所示，其中涉及的问题有界面的建立、开关的设置、数值显示设置、垂直棒状图的设置等，其中大部分的内容，读者都可以参见"4.1.3节中（4）典型对象添加"。下面仅对开关的设置，数值显示设置以及垂直棒状图的设置进行介绍。

"用水减少"按钮的开关设置如图7-76所示，为了使其更加美观，在风格中选用了00016形的风格，如果将类别选为位图，将风格选为00003，则可以得到"返回"按钮的样式。

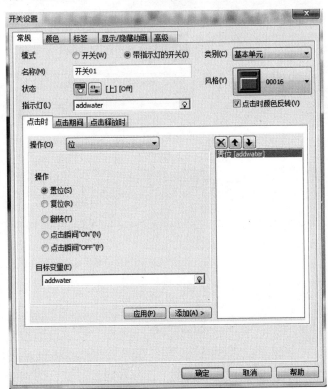

图7-75　操作界面　　　　　图7-76　"用水减少"按钮的开关设置

垂直棒状图及数值显示框的设置，它们都可以在 Vijeo-Designer 软件页面的正上方找到，如图7-77中的方框所示。

图7-77　新建和垂直棒状图及数值显示框

设置垂直棒状图对应变量为用水量 volume，数值类型为整型，其最小值设置为0，其最大值设置为 100，如图 7-78 所示。

图 7-78　垂直棒状图的设置

设置数值显示框对应变量为用水量 volume，数值类型为整型，显示位数为三位，如图 7-79 所示。

图 7-79　数值显示框的设置

小 结

　　本章主要介绍了基于施耐德电气运动控制器的三个典型应用案例，包括电梯群控演示系统、三轴直线联动演示系统、双泵供水演示系统。每个案例分别从系统功能、硬件组成、参数配置、软件设计和系统实现等方面进行详细阐述，使学生能系统的掌握设计搭建复杂控制系统的思路和实现步骤，能得到更深层次的实践锻炼。

参考文献

[1] 舒志兵，袁佑新，周玮. 现场总线运动控制系统. 北京：电子工业出版社，2007.

[2] 郑魁敬，高建设. 运动控制技术及工程实践. 北京：中国电力出版社，2009.

[3] 贺昱曜. 运动控制系统. 西安：西安电子科技大学出版社，2009.

[4] 储云峰. 施耐德电气可编程序控制器原理及应用. 北京：机械工业出版社，2007.

[5] 王兆宇. 施耐德电气变频器原理及应用. 北京：机械工业出版社，2009.

[6] 李幼涵. Lexium 05 伺服驱动器技术指南及案例. 北京：机械工业出版社，2009.

[7] 李幼涵. 伺服运动控制系统的结构及应用. 北京：机械工业出版社，2009.

[8] 华镕. 从 Modbud 到透明就绪——施耐德电气工业网络的协议、设计、安装和应用. 北京：机械工业出版社，2009.

[9] 施耐德电气. XBTGT 用户手册.

[10] 施耐德电气. Vijeo Designer 教程.

[11] 施耐德电气. Twido 硬件参考手册.

[12] 施耐德电气. Twidosoft 软件操作指南.

[13] 施耐德电气. Lexium_Controller 应用指南.

[14] CoDeSys 软件操作指南.

[15] 施耐德电气. Lexium 05 用户手册.

[16] 施耐德电气. BSH 电机用户手册.

[17] 施耐德电气. ATV71 编程手册.

[18] 施耐德电气. ATV71 变频器安装手册.

[19] 施耐德电气. 开放型 Modbus/TCP 规范.

[20] 北京博控自动化技术有限公司. CANopen 协议介绍.

[21] 致远电子. CANopen 协议简介.

[22] 控制中文网.Modbus 协议介绍.